植物发育生物学实验指导

张 蕾 赵 洁 主编

图书在版编目(CIP)数据

植物发育生物学实验指导/张蕾,赵洁主编.—武汉:武汉大学出版社,2010.10
ISBN 978-7-307-08237-3

Ⅰ.植… Ⅱ.①张… ②赵… Ⅲ.植物—发育生物学—实验
Ⅳ.Q945.4-33

中国版本图书馆 CIP 数据核字(2010)第 192589 号

责任编辑:黄汉平　　责任校对:王　建　　版式设计:马　佳

出版发行:**武汉大学出版社**　(430072　武昌　珞珈山)
(电子邮件:cbs22@whu.edu.cn 网址:www.wdp.com.cn)
印刷:湖北恒泰印务有限公司
开本:880×1230　1/32　印张:7.875　字数:203 千字　插页:1
版次:2010 年 10 月第 1 版　　2010 年 10 月第 1 次印刷
ISBN 978-7-307-08237-3/Q·97　　定价:16.00 元

前　言

植物发育生物学以植物为研究对象，以细胞生物学、分子生物学、基因工程、细胞工程、显微技术等一系列实验技术为支撑；其研究对象从细胞、组织、器官到个体水平等不同层次，内容涉及植物开花、传粉、受精、胚胎发育及植株形成等不同发育阶段发生和发育的细胞和分子机理。在植物发育生物学研究中有两条重要的主线，一条是从经典（正向）遗传学角度出发探讨植物发育的机理；另一条是以反向遗传学为出发点进行研究。这两条主线仅仅是在研究的早期不同，即入手的方式不同：经典遗传学是从生物的性状或者是表型开始研究遗传物质如何调控生命的发生与发展规律。在植物发育生物学研究过程中，简单地讲，就是首先发现不同于正常植株的突变体，然后利用遗传学、分子生物学、生物化学等生物学技术研究该突变体出现异常的分子机理，即经典遗传学的出发点是获得突变体，并在此基础上进行研究。反向遗传学则是相对于经典遗传学而言的，是在获得生物体基因组序列的基础上，通过对靶基因进行加工和修饰，如定点突变、基因插入/缺失、基因置换等，再通过转基因的方法改变靶基因在植物中的表达，观察转基因植株的表型，进而研究植物基因的结构与功能。

在探索植物发育的分子机理时，研究者通常采用模式植物作为研究材料。原因其一是植物发育生物学的研究要求研究对象必须有较为清楚的遗传背景；其二是模式植物还具有一定的研究背景，在国内外的研究基础较好。有些模式植物的基因组测序工作已经完成或者是接近完成，这为系统、详细和深入地研究植物发育的分子机理提供了良好的条件。在植物发育生物学研究中常用的模式植物有拟南芥、水稻、烟草和金鱼草等。拟南芥植株较小、染色体数目少、基因组测序已经完成以及植株形态简单，现已成为研究植物发育最常用的实验材料。水稻是重要的农作物，研究水稻的生长发育对于改良水稻品种、服务农业生产具有重要意义，同时水稻基因组序列测序工作已经完成，也为探讨水稻发育的分子机理打下了良好的分子基础。烟草一直是植物发育研究中的重要模式植物，尤其是在植物大小配子发育、受精和胚胎发育的研究中，烟草发挥了重要的作用，遗憾的是烟草基因组的全序列测序还未完成。金鱼草花器官结构具有特殊性（唇形目，总状花序，花冠筒状唇形，基部膨大成囊状，上唇直立，2 裂，下唇 3 裂，花瓣展开外曲），在研究花器官发育中发挥了重要作用。

在本实验指导中将系统阐述植物发育生物学研究领域常用的实验方法和技术。为了探讨植物发生和发育的分子机理常常兼用经典遗传学和反向遗传学方法和技术；同时，生物化学等技术手段在研究中也是必不可少的，如为了研究蛋白质的相互作用，常常使用免疫共沉淀等技术；此外，细胞生物学也是研究植物发育的基本技术和手段。因此，植物发育生物学的研究综合了所有生物学的研究手段，包括遗传学、生物化学、分子生物学、细胞生物学等。本实验指导包括常用的实验方法和技术，期望对从事植物发育生物学研究的研究生、本科生和相关研究人员在理清实验思路、掌握实验方法和技巧上有所指导和帮助。

编　者

2010 年 10 月

目　录

实验室安全守则

一般规定

1. 在实验室内请穿着实验服，避免穿拖鞋。

2. 在实验室内禁止吸烟、饮食、嬉戏，实验桌上勿堆放书包、衣服及杂物等。

3. 所有实验仪器、耗材、药品以及实验材料等均不得带出实验室。

4. 保持实验室环境卫生。打翻任何药品试剂及器皿时，请随即清理。

5. 实验前了解实验目的和内容，掌握实验原理、操作规程和注意事项。实验进行中有任何状况或疑问，随时提问，与指导教师沟通。详细记录实验结果和数据，严禁抄袭。

6. 严格按照操作规程正确使用仪器。

7. 实验完毕，确定关闭仪器和电源、水龙头和酒精灯等。

药品

1. 量取或配制挥发性、腐蚀性、有毒溶剂（如甲醇、丙酮、醋酸、氯仿、盐酸、硫酸、β-巯基乙醇、酚等），必须在通风橱中进行，取用完后随即盖好瓶盖。

2. 注意戴手套和口罩取用有毒或致癌药剂，例如丙烯酰胺（神经毒）、溴化乙锭（突变剂）、SDS、秋水仙素等。

3. 接触到病原材料或细菌，应迅速消毒。所有被污染的物品，在丢弃或重复使用前必须先灭菌，固体培养基和有毒试剂不得倒入水槽或下水道中，应分门别类分装，集中并安全处理。

仪器

1. 使用仪器前应先了解其性能、配置及正确操作方法，严禁拆卸零配件及附件，不得擅自调整仪器参数。

2. 使用离心机时，调整离心管重量平衡，两两对称，锁紧离心机转陀，盖紧机盖。冷冻离心机于开机状态时，应保持离心槽低温并避免结霜。

3. 实验时严禁用潮湿、带汗的手去操作电器，电器设备外壳均应接地。不慎发生触电事故时，应立即切断电源开关，对触电者立即采取急救措施。

4. 超净工作台内的有机溶剂及易燃物（如甲醇、乙醇、乙醚、瓦斯等）应远离火苗。酒精或乙醚等着火时，应立即使用泡沫灭火剂或湿毛巾覆盖，禁用水冲洗。

第一部分　植物发育相关突变体和转基因植株的获得及初步分析

经典遗传学从生物的性状、表型到遗传物质来研究生命的发生与发展规律。19 世纪奥地利的牧师孟德尔（G. Mendel，1822—1884 年）是经典遗传学的创始人或奠基人，被称为经典遗传学之父。相比于分子遗传学，经典遗传学的优越性在于它直接将基因与生物学功能对应起来。

在植物发育生物学研究中通常是先获得一定的突变体，之后再研究其分子机理。获得植物突变体的方法有以下几种：第一种方法是在自然界中寻找自然突变的植株，此法是最简单的方式，但是这种方法获得的突变体由于没有清楚的遗传背景，对于植物发育生物学研究的作用不大；第二种方法是通过物理方法或化学方法进行诱变获得突变体；第三种方法是通过生物学的方法和手段获得植物的突变体，该方法是植物发育生物学研究领域使用较多的方法。

较为常用的物理诱变方法是 α 射线、β 射线、γ 射线、X 射线和中子流等诱变。斯德勒于 1928 年首先证实了 X 射线对玉米和大麦有诱变效应。科学家常常利用宇宙飞船将植物种子带入太空进行辐射，其目的也是获得突变体。诱变处理的材料包括种子、花粉、子房、合子和胚细胞、营养器官以及离体培养中的细胞和组织。物理诱变方法处理材料包括外照射和内照射。外照射指的是被照射的种子或植株所受的辐射来自外部某一辐射源，如钴源、X 射线源等。该种方法操作简便，而且可以处理大量的植物材料。内照射指的是将辐射源引入生物体组织和细胞内进行照射的一种方法。该种方法的缺点是放射性元素在生物体内分布不均匀，而且随着放射性元素不断衰变，其辐射效果逐渐减弱。

本部分主要对植物发育生物学研究中应用较多的化学诱变方法和生物学诱变方法进行介绍。

第一节 利用化学方法获得植物突变体及功能基因的克隆

1943 年约克斯首次使用化学诱变剂用乌来糖（脲烷）诱发了月见草、百合和风铃草的染色体畸变。化学诱变方法中常用的诱变剂是某些亚硝酸盐、烷化剂、碱基类似物、抗生素等化学药物。烷化剂带有一个或多个活泼的烷基，可转移到其他分子上，置换碱基中的氧原子。叠氮化钠可使复制中的 DNA 的碱基发生替换，是目前诱变率高而安全的一种诱变剂。碱基类似物与 DNA 碱基的化学构成相类似，能与 DNA 结合，导致错误配对，发生碱基置换，从而产生突变。化学诱变剂常常采用的处理方法包括浸渍、滴液、注射、涂抹和熏蒸法等，处理的实验材料为芽条、叶、花序和种子，一般不采用根作为处理对象。利用化学诱变剂处理获得植物突变体时，诱变剂的浓度、处理的时间、温度以及 pH 值等都对结果有很大的影响。利用化学诱变剂获得突变体的优点是诱发突变率较高、对处理材料损伤较轻，但是缺点是重复性较差，并且有致癌的危险。

实验一 EMS 诱变获得植物突变体库

【实验目的】

1. 掌握利用 EMS 获得拟南芥突变体的原理和操作方法。

2. 掌握拟南芥种植和管理的方法。

【实验原理】

甲基磺酸乙酯（ethyl methane sulfonate，EMS）是一种可改变DNA结构的烷化剂，它与DNA中的磷酸嘌呤和嘧啶作用，使之产生突变。烷化剂具有一个或多个活性烷基，这些烷基能被转移到其他分子上置换氢原子，发生烷化作用。烷基化位点主要发生在G（鸟嘌呤）的N7位置上，N7烷基化后成为带一个正电荷的季胺基团。这个季胺基团可促进第一位氨基上氢解离，使G不再与C配对而是与T配对，从而造成G-C碱基对转换为A-T碱基对，引起点突变。利用这一原理获得的点突变是EMS诱变过程中获得最多的点突变类型。此外，还有少部分的G：C对可以变为任何碱基对G：C、C：G、A：T、T：A，既有转换又有颠换。此外，EMS也可与核苷结构中的磷酸基反应，形成酯类而将核苷酸从磷酸基与糖基之间切断，产生染色体的缺失。

EMS诱变技术的优点是突变频率高、容易获得饱和突变、筛选工作量少（1位点/2000～5000M2代植株）；同时具有基因突变的多种效应，如功能完全缺失和部分缺失、功能的数量性变化以及功能的组成性表达等；可以获得双突变。缺点是需要利用图位克隆技术鉴定突变基因，并且需多次回交（一般5～10次）清除背景。

【实验材料】

拟南芥种子。

【实验器材】

500ml带盖子玻璃瓶。

【药品试剂】

0.2% ~0.4% EMS 溶液，1mol/L NaOH 和双蒸水（ddH_2O）。

【实验方法】

1. 取 50000 ~ 100000 粒拟南芥种子（1 ~ 2g）在水中浸泡过夜。

2. 用 0.2% ~0.4% EMS 溶液浸泡种子 10 ~ 20 小时。

3. 倒掉 EMS 溶液；用 1mol/L NaOH 处理残留 EMS 溶液。

4. 用 ddH_2O 清洗种子 20 次；此时拟南芥种子标记为 M1 代。

5. 播种 M1 种子。

6. 单株或混合株收获 M2 代种子用于突变体筛选。

【注意事项】

1. 诱变剂都有程度不同的毒性，有的是潜在的致癌剂，因此在处理时避免与皮肤接触或吸入气体，一般多在具有通风管及密闭条件的超净台上戴乳胶手套进行操作。

2. 影响诱变效果的因素包括：诱变剂的理化特性、被处理材料的遗传类型及生理状态、诱变剂的浓度和处理时间、处理的温度、诱变剂溶液 pH 值及缓冲液的作用。

3. 用 EMS 处理种子之后，一定要用大量的水将残余在种子表面的 EMS 清洗干净。

【思考题】

1. EMS 诱变获得植物突变体的原理。

2. 利用 EMS 进行诱变时应注意的事项。

实验二 图位克隆技术

【实验目的】

1. 掌握图位克隆技术的原理和操作步骤。
2. 利用图位克隆技术克隆 EMS 诱变突变体中的效应基因。

【实验原理】

利用物理方法或化学方法获得的植物突变体中突变的碱基位点是随机的，并且没有任何标记用于筛选突变基因，因此，需要使用图位克隆技术对突变基因进行克隆。

图位克隆（map-based clonig）又称定位克隆（positoinal cloning），由剑桥大学的 Alan Coulson 在 1986 年首先提出。其基本原理是功能基因在基因组中具有相对较为稳定的基因座，通过对分离群体的遗传连锁分析将待分离的目的基因定位到染色体的某个具体位置上，再利用分子标记技术对目的基因进行精细定位，利用与目的基因紧密连锁的分子标记筛选 DNA 文库，然后通过构建高密度的分子连锁图谱，不断缩小候选区域进而克隆该基因。即通过分析突变位点与已知分子标记的连锁关系来确定突变表型的遗传基础。

利用图位克隆技术克隆基因无需预先知道基因的 DNA 顺序以及其表达产物的有关信息，但是需要一个根据目的基因建立起来的遗传分离群体。

图位克隆技术主要包括以下 4 个步骤：

1. 目的基因的初步定位。在目的基因的初步定位中首先要筛选与目标基因连锁的分子标记。利用目标基因的近等基因系或分离群体进行连锁分析，筛选出目标基因所在局部区域的分子标记。与此同时，构建并筛选含有大插入片段的基因组文库。常用的载体有

cosmid、酵母人工染色体（YAC）以及P1，BAC，PAC等几种以细菌为寄主的载体系统。然后用与目标基因连锁的分子标记为探针筛选基因组文库，获得阳性克隆。以阳性克隆的末端作为探针，筛选基因组文库，并进行染色体步行，直到获得具有目标基因两侧分子标记的大片段跨叠群。

分子标记是以个体间遗传物质内核苷酸序列变异为基础的遗传标记，是DNA水平遗传标记技术。确切地说分子标记就是一个特异的DNA片段或能够检出的等位基因，对其有效利用即可达到图位克隆基因之目的。常用的有基于分子杂交技术的限制性片段长度多态性（restriction fragment length polymorphism，RFLP）、基于PCR技术的随机扩增多态性DNA RAPD标记（random amplified polymorphism DNA，RAPD）和简单序列长度多态性（simple sequence length polymorphisms，SSLPs）、基于限制性酶切和PCR技术的扩增片段长度多态性（amplified fragment length polymorphism，AFLP）及后来发展的基于芯片技术的核苷酸多态性（single nucleotide polymorphism，SNP）等。利用这些标记技术结合使用近等基因系分析可以快速将目的基因定位在某个染色体的一定区域。

2. 目的基因区域的精细作图。通过整合已有的遗传图谱和寻找新的分子标记，提高目的基因附近区域遗传图谱和物理图谱的密度。

3. 目的基因的精细定位和染色体登陆。利用侧翼分子标记分析和混合样品作图精确定位目的基因，然后以目标基因两侧的分子标记为探针，通过染色体登陆获得含目标基因的阳性克隆。

4. 外显子的分离和鉴定。阳性克隆中可能含有多个候选基因。用筛选cDNA文库、外显子捕捉和cDNA直选法等技术找到候选基因，再进行共分离、时空表达特点和同源性比较等分析确定目标基因。当然，最直接的证明是进行功能互补实验。

功能互补实验是将该基因从基因组上克隆下来，然后构建到转基因载体中，通过农杆菌介导的方法（或者其他的转基因方法）将其转入突变体中。如果转化成功的突变体恢复野生型的表现型，则可以证明通过图位克隆获得的该基因是突变体中的突变基因，而该基因也是突变体中控制表现型的功能基因。

在本节中主要介绍利用图位克隆技术从拟南芥 EMS 诱变后的突变体中克隆基因的方法。拟南芥（*Arabidopsis thaliana*）是一种模式植物，具有基因组小（125 Mbp）、生长周期短等特点，而且基因组测序已经完成，但是测序工作的完成并不能完全揭示基因组中所有基因的功能，大约有 40% 的基因功能还是未知的。

利用图位克隆技术从拟南芥中获得突变基因时常常使用 SSLP 和 SNP 分子标记技术。SSLP 是基于 PCR 的分子标记，在拟南芥基因组中有较多分布，而且具有共显性，检测方法简单，仅需设计引物来检测假定的 SSLP 标记；利用 SNPs 标记可以检测出拟南芥不同生态型之间基因组中单个核苷酸的差别。同时，在拟南芥中有着高密度的遗传标记，使利用图位克隆技术获得基因的时间大大缩短，一般仅需要拟南芥 5 个生长周期，即一年到一年半的时间就可完成基因的克隆。

【实验材料】

EMS 诱变获得的拟南芥突变体。

【实验器材】

离心机、PCR 仪等分子生物学常规仪器和设备。

【药品试剂】

PCR 反应相关试剂，拟南芥分子标记相应的引物，DNA 电泳相关试剂等。参见实验十七。

【实验方法】

1. 突变体植株与另外一个生态型（Col-0 或者 Ler）的植株杂交（作图最常用的组合是 Landsberg erecta×Columbia（Ler×Col）），这两个品系估计每 1000kb 内在 4～11 个位置存在差异），收获 F1 代种子。然后将 F1 代种子进行播种，并观察 F1 代植株的表型，根据 F1 代植株的表型出现或者消失判定所研究的突变是显性还是隐性。此时还要求确认 F1 代植株是杂合体以及原来的生态型背景。

2. F1 代植株自交获得 F2 代种子，大约播种 600 粒种子即可进行突变基因的粗定位（first-pass mapping）。根据孟德尔分离规律，如果是隐性突变得出其中大约有 150 个个体可能是纯合体，如果是显性突变则 150 个个体是野生型。在这一代需要完成的工作是一方面提取纯合体（以隐性突变为例）DNA，分析基因型。然后用分布于拟南芥第五条染色体上的 25 个分子标记（相邻的两个标记之间大约相距 20 cM）进行分析，确定突变基因与哪个或者哪几个标记是连锁的，然后用三点测交的方法来定义一个包含突变基因的大约 20 cM 的遗传间隔。接下来再引入新的分子标记把这个间隔缩小到大约 4 cM。距离突变基因最近的两个分子标记将作为侧面标记而用于下面的进一步分析。

注：可以根据拟南芥数据库中的 SNPs（single nucleotide polymorphisms）序列和插入/缺失多态性（insertion/deletion polymorphisms）序列，设计一系列分子标记（http://www.arabidopsis.org/）。

3. 播种 F2 代群体用于突变基因的精细定位（fine-resolution mapping），将包含突变基因的遗传间隔缩小到小于 40kb（约 0.16 cM）。一般需要 3000～4000 个 F2 代植物个体（包括粗定位时的 600 个 F2 代植物个体）来精确定位突变基因。

4. 在确定了突变两侧相距小于 40kb 的两个分子标记之后，可通过测序找到突变基因。设计 PCR 引物扩增覆盖这 40kb 的多个重叠的 500bp 的片段，将这些片段测序后拼接起来以得到整个 40kb 的序列，然后将它与野生型植物（Col-0 或者 Ler）的序列进行比对，即可找到这个区域中的多个基因。

5. 从候选基因中鉴定基因，最常用的方法是用含有目标基因的大片段克隆如 BAC 克隆或 YAC 克隆筛选 cDNA 文库，并查询生物数据信息库，待找出候选基因后，将这些候选基因进行下列分析以确定目标基因：

（1）精确定位法检查 cDNA 是否与目标基因共分离；

（2）检查 cDNA 时空表达特点是否与表型一致；

（3）测定 cDNA 序列，查询数据库，以了解该基因的功能；

（4）筛选突变体文库，找出 DNA 序列上的变化及与功能的关系；

（5）进行功能互补实验，通过转化突变体观察突变体表型是否恢复正常或发生预期的表型变化。功能互补实验是最直接、最终鉴定基因的方法。

【思考题】

1. 简要叙述图位克隆的原理。

2. 简单叙述图位克隆的操作步骤及各步中的注意事项。

实验三 TILLING 技术

【实验目的】

1. 掌握 TILLING 技术的基本原理和操作步骤。

2. 学习利用 TILLING 技术获得 EMS 诱变突变体中的效应基因。

【实验原理】

TILLING，即定向诱导基因组局部突变技术（targeting induced local lesions IN genomes），是一种全新的反向遗传学研究方法。20世纪90年代末，TILLING技术由美国Fred Hutchinson癌症研究中心基础科学研究所Steven Henikoff领导的研究小组首先使用并发展起来。目前，TILLING已被应用于多种生物的研究中。2001年，以美国为首的北美实验室启动了拟南芥TILLING项目（Arabidopsis TILLING Project，ATP），该项目在立项的第一年就为拟南芥研究者们提供了超过100个基因的1000多个突变位点。ATP项目的成功运作为TILLING技术提供了成功的应用范例，从而有力地推动了该技术在其他物种中的广泛应用。目前在植物中已建立包括拟南芥、白脉根、玉米等TILLING技术平台。

TILLING技术的基本原理是通过化学诱变方法产生一系列的点突变，然后经过PCR扩增放大，再经过变性及复性过程产生异源双链DNA分子，利用特异性识别异源双链中错配碱基的核酸酶切开错配处的DNA，然后以双色电泳进行分析。

该技术的优点有以下几个方面：①技术简单、费用较低。将传统的化学诱变技术与双色红外荧光检测技术相结合，仅需要简单的技术和设备就可以对突变体库进行大规模筛选，是一种高通量并且花费较少的实验技术。②可以预测突变频率，获得满意的突变密度，使用群体较小；拟南芥ATP项目预测，每1Mb约含有4个突变，即每250kb左右含有1个突变，因此，获得满意的突变密度所需的突变体群体小于10000个植株。③TILLING技术使用自动加样设备、高通量的电泳检测设备以及优秀的图像处理和分析系统，实现了自动化操作，适用于大规模的检测分析。

【实验材料】

拟南芥 EMS 诱变的植株。

【实验器材】

低温冷冻离心机、PCR 仪、电泳仪、DNA 电泳装置等。

【药品试剂】

甲基磺酸乙酯（EMS），植物 DNA 提取相关试剂，PCR 相关试剂，特异性引物，700nm 和 800nm 荧光染料，核酸内切酶 *CEL*I 酶，变性聚丙烯酰胺凝胶电泳相关试剂。

【实验方法】

以拟南芥为例，TILLING 技术主要流程如下（如图 1-1 所示）：

1. 甲基磺酸乙酯（EMS）处理种子，诱变产生一系列点突变。

2. 将诱变种子培养，获得第一代突变个体（M1）。

3. M1 植株自交，产生第二代植株（M2）。

4. 按单株抽提 M2 代植株的 DNA，存放于 96 孔微量滴定板，并保留 M2 代种子。

5. 将多个 96 孔板的 DNA 样本合并到一个 96 孔板内（最多可合并 8 个，每块板相当于 768 个 M2 代单株）构建 DNA 池。

6. 根据目标基因序列设计一对特异性引物进行 PCR 扩增，两个引物分别用 700nm 和 800nm 荧光染料标记。

7. PCR 扩增片段变性、退火，从而得到野生型和突变型所形成的异源双链核酸分子。

8. 用特异性识别并切割错配碱基的核酸内切酶 CELI 酶剪切异源双链核酸分子。

9. 酶切产物用变性的聚丙烯酰胺凝胶电泳（DPAGE）分离，

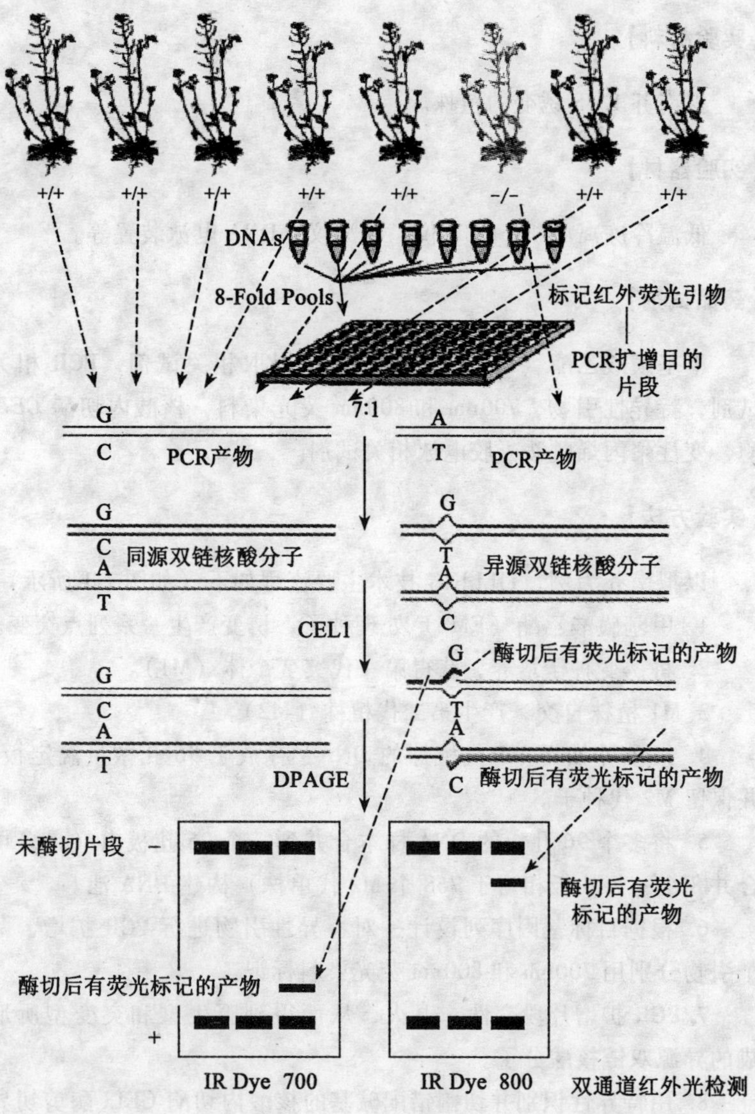

图 1-1 TILLING 技术流程图（引自 Henikoff and Comai，2003，部分修改）

然后用标准的图像处理程序分析电泳图像，获得突变池。

10. 利用相同方法从突变池中筛选突变个体。

11. 突变个体 PCR 片段测序验证。

12. 突变表型鉴定。

【思考题】

简述 TILLING 技术的基本原理和一般流程。

第二节　利用农杆菌介导的植物转基因技术

对于植物分子生物学研究来说，获得外源基因转化的植株是非常重要的。事实上，正是由于植物转基因技术的发展使得植物分子生物学的研究取得了突破性的进展。转基因技术对于阐明某些特异基因在植物生长和发育中所起的作用至关重要。如将外源基因启动子连上报告基因后转入植物，可以较为详细地研究植物某一特定基因的表达量、表达部位、相关调控序列的活性及其功能。此外，在植物基因工程的应用研究中，将抗性基因或者控制重要农艺性状的基因转入重要的经济作物或农作物中是植物遗传育种的一个重要手段。

按照转化后基因表达的时效，植物转基因系统可分为瞬间转化和稳定转化。瞬间表达的转化系统指的是植物通过一定的转基因方法导入外源基因后，可以在短时间内（如数小时）检测到其表达的产物，但随后几天表达水平逐渐降低并消失的转基因系统。在瞬时表达系统中，外源基因 DNA 片段导入细胞后，大部分未整合到染色体上，而是以游离状态存在于细胞核中。瞬时表达的转化系统在基因表达调控研究中得到了广泛的应用，它可用于测定 RNA 和蛋白质的早期积累以及确定植物蛋白质的细胞内定位。此外，在研究环境条件下或者植物激素等刺激条件对基因表达调控的影响时，检测外源转化基因的瞬时表达可为研究这些刺激因子在调控基因表达方面的机制提供信息。

与瞬时表达系统不同的是，通过稳定表达的转基因系统获得的转基因植物能够稳定地将转入植物体中的外源基因传代，并保持活性。此时外源基因整合到核基因组 DNA 分子上。一般为获得较高的转化效率和方便操作，需根据实验材料的不同选择不同的转化方法。如在烟草稳定转化中多使用叶盘转化方法；在拟南芥稳定转化中，多使用花浸法（flower dip method）等。虽然不同实验材料所使用的转化方法各有不同，但是一般采用根瘤农杆菌（*Agrobacterium tumefaciens*）介导的转化方法，此外常用的还有发根农杆菌（*Agrobacterium rhizogenes*）。

根瘤农杆菌属于农杆菌属的革兰氏阴性菌，最适生长温度为25～30℃，生长的最适 pH 值范围为6.0～9.0。根瘤农杆菌广泛侵染双子叶植物，一般认为单子叶植物对农杆菌无敏感性，但近年来研究表明，农杆菌对有些单子叶植物也有侵染能力，并在加入外源刺激物质如乙酰丁香酮的条件下，侵染能力增强，同样可以达到介导基因转化的效果。根瘤农杆菌根据其诱导植物细胞产生的冠瘿碱的不同可分为章鱼碱型（octopine type）、胭脂碱型（nopaline type）和农杆碱型（agropine type）。

Ti 质粒是根瘤农杆菌染色体外的遗传物质，为双链共价闭合的环状 DNA 分子，其分子量为 95×10^6 ～ 156×10^6 U，约有 200～300kb。Ti 质粒可分为 4 个区，分别是：

（1）T-DNA 区（transfer DNA region）：T-DNA 是农杆菌侵染植物细胞时，从 Ti 质粒上切割下来转移到植物细胞的一段 DNA。该片段上的基因与肿瘤的形成有关。

（2）Vir 区（virulence region）：该区段的基因能够激活 T-DNA 转移，使农杆菌表现出毒性，故称为毒性区。T-DNA 区和 Vir 区在质粒 DNA 上彼此相邻，合起来约占 Ti 质粒的三分之一。

(3) Con 区 (regions encoding conjugations): 该区段上存在着与细菌间结合转移有关的基因 (*tra*), 该基因负责调控 Ti 质粒在农杆菌之间的转移。冠瘿碱能激活 *tra* 基因, 诱导 Ti 质粒转移, 因此称为结合转移编码区。

(4) Ori 区 (origin of replication): 该区段的基因负责调控 Ti 质粒的自我复制, 故称为复制起始区。

虽然有关农杆菌侵染植物的分子机理还不清楚, 但是已有证据表明农杆菌 Ti 质粒的 T-DNA 区域导入植物基因组的整个过程包括下面几个步骤:

(1) 农杆菌对受体植物细胞的识别;

(2) 农杆菌附着到植物受体细胞表面;

(3) 农杆菌中毒性区基因被诱导表达;

(4) 类似接合孔复合体的合成和装配;

(5) T-DNA 的加工和转运;

(6) T-DNA 整合到受体植物细胞的染色体。

野生型 Ti 质粒直接作为植物基因工程载体存在许多障碍, 主要表现在以下几个方面:

(1) Ti 质粒过大, 提取和鉴定等分子生物学操作十分困难;

(2) 大型质粒上各种限制酶均有多个切点, 难以找到可利用的单一切割位点的内切酶向野生型 Ti 质粒导入外源基因;

(3) T-DNA 区的 Onc 基因产物会诱发肿瘤, 阻碍转化细胞的分化和再生;

(4) Ti 质粒上还存在一些对 T-DNA 转移不起任何作用的序列;

(5) 最为重要的是 Ti 质粒不能在大肠杆菌中复制, 而农杆菌本身的遗传背景又不太清楚, 使得载体的构建难以完成。

为此, 必须对野生型 Ti 质粒进行改造。改造后的转基因载体系统可分为一元载体和双元载体系统。

一元载体系统也称为共整合载体系统。一元载体系统 Ti 质粒的改造是去除野生型 Ti 质粒 T-DNA 中的致瘤基因，引入一段小质粒序列（如 pBR322，一种常用的大肠杆菌载体），保留 T-DNA 的边界序列（BR 和 LR）。在外源基因的构建转化上，首先将外源基因构建到小质粒（如 pBR322）上，然后把载有外源基因的小质粒通过一定的方法导入农杆菌，再利用 Ti 质粒与小质粒之间发生的同源重组，将外源基因引入 T-DNA 区域，形成一个共整合载体，从而形成用于转化植物细胞的一元载体转化菌株。该种系统由于在农杆菌中的整合效率较低，获得农杆菌转化菌株的效率低，使用起来不很方便。

双元载体系统包括两个分别含 T-DNA 和 Vir 区的相容性突变 Ti 质粒，即微型 Ti 质粒和辅助 Ti 质粒。辅助 Ti 质粒较大，一般是去除或者部分去除 Ti 质粒上的 T-DNA 区，保留 Ti 质粒上的其他部分，并保留在受体农杆菌菌体中。微型质粒只带有 T-DNA 边界、复制起点和选择标记基因，并在 T-DNA 边界中间引入多克隆位点。微型质粒既可以在大肠杆菌中复制也可以在农杆菌中复制，一般在大肠杆菌中完成目的基因的克隆。微型质粒也称为操作质粒或穿梭质粒。实际操作中只需要将载有外源基因的微型质粒引入含辅助质粒的农杆菌菌株，组成含两个质粒的农杆菌转化菌株，不需要同源重组的过程，从而提高了获得农杆菌转化菌株的效率。

在农杆菌介导的转基因操作中，下列因素影响和制约着转基因的效率：

（1）农杆菌菌株。不同的农杆菌菌株有其特异侵染的最适宿主。选择适宜的转化菌株对于提高植物转基因效率至关重要。同时，高侵染活力的菌株一般处在对数生长期。一般用 A_{600} 在 1.0OD 左右农杆菌菌液侵染植物材料。

（2）基因活化的诱导物。酚类化合物、单糖或糖酸、氨基酸和低 pH 值都影响 Vir 区基因的活化，在转基因操作中加入上述物质可以提高转化效率。最常用的诱导物是乙酰丁香酮（AS）。

（3）外植体的选择。选择合适的外植体是植物转基因操作成功的先决条件。对于不同的植物材料，最佳外植体的种类不同，要根据具体植物材料而定。此外，外植体的预培养与外植体的转化有明显关系，每种外植体均有其最佳预培养时间，一般以2天左右为宜。外植体的预培养可以促进细胞分裂，使受体细胞处于更容易整合外源DNA的状态。

（4）外植体与农杆菌的接种及共培养。外植体接种是指把农杆菌接种到外植体的侵染转化部位。一般是将外植体浸泡在预先准备好的农杆菌中一定时间，之后取出外植体，用无菌吸水纸吸干外植体表面的菌液，然后置于共培养基中进行共培养。共培养是农杆菌与外植体共同培养的过程。外植体与农杆菌接种时间过长或者接种菌液浓度过高，容易引起后续培养的污染；而接种时间太短或者接种菌液浓度过低，则易造成转化效率低。一般接种时间为1～30分钟，接种菌液浓度为0.5～1.0OD值左右。

农杆菌与外植体共培养是非常重要的环节。农杆菌附着、T-DNA的转移和整合都在共培养时期内完成。农杆菌附着外植体表面后创伤部位生存8～16小时后才能诱发肿瘤，因此共培养的时间必须长于8～16小时。共培养时间如果太长，会由于农杆菌的过度生长而使植物细胞受到毒害而死亡。一般共培养时间为2～3天，因不同的植物和不同的共培养条件而异。

为了获得高效表达的转化载体，还需要在构建转基因载体时注意以下细节：

（1）选择恰当的转录启动子和增强子；

（2）合理的转录终止子；

（3）含有加尾信号序列；

（4）合理的非编码的引导序列和3′端拖尾序列；

（5）植物密码子的使用频率；

（6）是否需要特殊的定位序列。

为了获得真正的理想转基因植物，转化后必须进行一系列的鉴定工作：首先是筛选转化细胞，并在一定的选择压力下，诱导形成转化植株；接下来是对转化植株进行分子生物学鉴定，常用 Southern 杂交证明外源基因在受体染色体上整合，并检测拷贝数；染色体原位杂交（chromosome in situ hybridization，CISH）或荧光原位杂交（fluorescence in situ hybridization，FISH）确定外源基因在染色体上的整合位点；Northern 杂交证明外源基因在植物细胞中是否正常转录；Western 杂交证明外源基因的正常翻译；还包括利用标记基因如 GUS 进行染色等鉴定分析。之后进行表型性状鉴定，确定转基因植株是否具有目标表型。最后一步是进行遗传学分析、后代目标性状的传递和稳定性分析。

实验四　农杆菌培养、感受态细胞准备和质粒转化

【实验目的】

1. 要求学生掌握农杆菌培养的一般方法。
2. 掌握农杆菌感受态细胞制备的原理和方法。
3. 掌握农杆菌感受态细胞转化质粒的原理和方法。

【实验原理】

感受态细胞制备的原理是细菌在低温和低渗氯化钠溶液中，细菌细胞壁通透性增加。转化（transformation）是将外源 DNA 分子引入受体细胞，使之获得新的遗传性状的一种手段，它是微生物遗传、分子遗传、基因工程等研究领域的基本实验技术。

受体细胞经过一些特殊方法（电击法、$CaCl_2$、RbCl 和 KCl 等化学试剂法）的处理后，细胞膜的通透性发生了暂时性的改变，成为能允许外源 DNA 分子进入的感受态细胞（compenent cells）。

进入受体细胞的DNA分子通过复制、表达实现遗传信息的转移，使受体细胞出现新的遗传性状。将经过转化后的细胞在筛选培养基中培养，即可筛选出转化子（transformant，即带有异源DNA分子的受体细胞）。目前常用的感受态细胞制备方法有$CaCl_2$和KCl法。KCl法制备的感受态细胞转化效率较高，而$CaCl_2$法简便易行，且其转化效率完全可以满足一般实验的要求，制备的感受态细胞中加入占总体积15%的无菌甘油，可于-70℃保存（半年），因此$CaCl_2$法使用方便且更为广泛。

影响转化率的因素包括下面几点：①细胞生长状态和密度；②转化的质粒DNA的质量和浓度；③试剂的质量；④杂菌和其他外源DNA的污染。

本实验以农杆菌LBA4404菌株为受体细胞，用NaCl处理受体菌使其处于感受态，然后与pMD或者pZY质粒共保温，实现转化。pMD或者pZY质粒携带有抗卡那霉素的基因，因而使接受该质粒的受体菌具有抗卡那霉素的特性，用Kan^r符号表示。将转化后的全部受体细胞经过适应稀释，在含卡那霉素的平板YM培养基上培养，只有转化体才能存活，而未受转化的受体细胞因无抵抗卡那霉素的能力而死亡。

【实验器材】

28℃恒温摇床；28℃恒温培养箱；离心管；天平；冷冻离心机；恒温水浴锅。

【药品试剂】

农杆菌LBA4404；

YM培养基：0.4g/L 酵母提取物；10g/L 甘露醇；0.1g/L NaCl；0.1g/L $MgSO_4$；0.5g/L K_2HPO_4；15g/L 琼脂粉，pH值7.2~7.4；

0.1mol/L NaCl 溶液（预冷）；

20mmol/L $CaCl_2$溶液（预冷）；

50mg/ml 卡那霉素；

质粒 DNA；

液氮。

【实验方法】

一、农杆菌感受态细胞的制备

1. 将农杆菌 LBA4404 接种在 YM（含 25μg/ml 硫酸链霉素）平板上，26～28℃培养 48 小时。

2. 挑取单菌落接种到 5ml YM 液体培养基（含 25μg/ml 硫酸链霉素）中，在 28℃条件下，250r/min 悬浮培养 48 小时。

3. 取 2ml 菌液转接于 40ml YM 液体培养基（含 25μg/ml 硫酸链霉素）中，在 28℃条件下，220r/min 振荡培养至 OD_{600}为 0.5 左右，需 12 小时以上。

4. 超净工作台上将菌液转入无菌的 50ml 离心管中，4℃，5000r/min 离心 8 分钟。

5. 弃上清液，用 100mmol/L NaCl（4℃预冷）重悬农杆菌，4℃，5000r/min 离心 8 分钟。

6. 弃上清液，加入原始农杆菌菌液 1/50 体积（800ml）的 20mmol/L $CaCl_2$溶液重悬菌体，并分装成 200μl/管。

7. 将分装后的 Eppendorf 管置于液氮中 10 秒，-80℃保存。

或者采用下述方法：

1. 取-70℃保存的 LBA4404 于含硫酸链霉素 25μg/ml 的 YM 固体培养基上，26～28℃培养 48 小时。

2. 挑取单菌落接种于 5ml YM 液体培养基（含有相应的抗生素），220r/min，28℃条件下振荡培养 12～16 小时。

3. 取 2ml 菌液转接于 100ml YM 液体培养基（含有相应的抗生

素）中，28℃条件下，220r/min振荡培养至OD_{600}为0.5左右。

4. 转入无菌离心管，5000r/min离心5分钟，弃上清液。

5. 加入10ml预冷的0.1mol的$CaCl_2$溶液，轻轻悬浮细胞，冰上放置20分钟。4℃条件下，5000r/min离心5分钟，弃上清液。

6. 加入4ml预冷的含15%甘油的0.1mol/L的$CaCl_2$溶液，轻轻悬浮。

7. 农杆菌悬浮液分装于无菌Eppendorf管中，200μl/管，置于液氮中10秒，之后于-80℃保存。

二、质粒转化农杆菌

1. 将感受态农杆菌LBA4404（200μl/管）置于冰上，加入1μg质粒DNA（质粒体积不超过10μl）。充分混匀后在冰上放置30分钟。

2. 置于液氮中1分钟。

3. 迅速转入37℃水浴中，待其融化，需3~5分钟。

4. 加入1ml YM液体培养基（不含抗生素），28℃条件下，150r/min，培养2~4小时。

5. 将菌液均匀涂布到含有50μg/ml卡那霉素（该抗生素的种类和浓度由转化质粒决定）和25μg/ml硫酸链霉素的YM固体培养基上，在超净台上吹干。

6. 28℃培养48小时。

7. 挑取单菌落接种到含有50μg/ml卡那霉素和25μg/ml硫酸链霉素的液体YM培养基中，28℃条件下，250r/min振荡培养48小时后的菌液用于保存和用于植株的转化。

三、农杆菌转化子的PCR鉴定

1. 挑取转化的农杆菌单菌落接种于含50μg/ml卡那霉素的YM液体培养基中，28℃条件下，220r/min振荡培养16小时。

2. 直接用菌液进行PCR鉴定。引物P1和P2需要根据不同的载体而定。PCR反应体系如表1-1所示。

表 1-1　　　菌落 PCR 的反应体系（30μl）

名称	体积（μl）	母液浓度
农杆菌转化子菌液	2.0	
H_2O	18.4	
P1	2.0	2μmol/L
P2	2.0	2μmol/L
10×PCR Buffer	3.0	
Mg^{2+}	1.2	25mmol/L
dNTPs	1.2	2.5mmol/L each
Taq 酶	0.2	5U/μl
Total	30.0	

3. PCR 反应：94℃预变性 5 分钟，然后开始以下循环反应：94℃变性 1 分钟，55℃退火 1 分钟，72℃延伸 1 分钟（延伸时间由被扩增基因片段的大小决定，一般按照 1000bp 延伸 1 分钟来计算延伸时间），35 个循环后，72℃延伸 10 分钟。反应结束后，取 10μl 反应液在 1.0% 琼脂糖凝胶中电泳扩增产物。

【思考题】

1. 农杆菌感受态细胞制备过程中的注意事项有哪些？
2. 影响质粒转化农杆菌的要素有哪些？

实验五　农杆菌介导的拟南芥转基因方法

【实验目的】

1. 通过本实验使学生掌握农杆菌转化拟南芥的方法。
2. 拟南芥转基因植株的筛选。

【实验原理】

目前，拟南芥植株稳定转化有5种基本方法：①农杆菌接种拟南芥的外植体组织，其中包括子叶、叶和根等；②农杆菌接种种子；③农杆菌注射到完整的植物枝条的分生组织；④完整的拟南芥植株用农杆菌的液体悬浮液作真空渗入；⑤花浸法。以上方法可根据研究目的和要求不同而选择。

目前广泛应用的转化方法是花浸法（floral dip）（Clough 和 Bent，1998）。其基本操作是将刚开花的拟南芥花序倒置于含有目的基因的农杆菌转化介质中，浸泡数十秒钟，以达到转化目的。也可直接用喷雾器将含有农杆菌的转化介质均匀喷洒到拟南芥的花上。

在转基因操作中，需要有一个筛选标记表明转基因植株和野生型植株之间的差异。使用最多的选择性标记基因是编码抗生素或除草剂的抗性基因。例如，编码抗生素抗性的基因有新霉素磷酸转移酶基因 *npt* II（具有对卡那霉素、G418 以及新霉素的抗性）、潮霉素磷酸转移酶基因 *hpt*（具有对潮霉素抗性）和氨基糖苷腺苷酰基转移酶基因 *aadA*（具有对链霉素抗性）。编码除草剂抗性的基因有膦丝菌素乙酰转移酶基因 *bar*（具有对膦丝菌素和双丙氨膦的抗性）和突变型5-稀醇丙酮酰草酸-3-磷酸合酶基因 *EPSPS*。

【实验材料】

使用材料为哥伦比亚野生型拟南芥。选取野生型拟南芥种子，种植于花盆内，放在4℃低温处理24小时（春化处理），然后将花盆置于22～25℃光照下使其萌发生长，待植株生长到初果期（即花序基部的角果刚形成时），选取健壮植株作为转基因材料。在转基因前，停止浇水，使盆钵中的蛭石干燥，以防止于将植株倒置时蛭石被倒出。

【实验器材】

1. 恒温摇床和恒温培养箱：培养农杆菌。

2. 超净工作台：接种。

3. 高压灭菌锅：培养基灭菌。

4. 500ml 烧杯：转化植株。

5. 离心机和离心管：收集农杆菌。

6. 锥形瓶等用具。

【药品试剂】

1. LB 培养基。

2. 含有双元载体的农杆菌 GV1301 悬浮液（对数生长期）：将目的基因构建到双元载体上，之后将重组的双元载体转入农杆菌 GV1301 并用卡那霉素筛选含有重组双元载体的菌落。将农杆菌接种在 LB 液体培养基（含有 25mg/L 庆大霉素用于筛选 Ti 质粒，50mg/L 卡那霉素用于筛选 T-DNA）中，28℃，180r/min 条件下振荡培养至对数生长期，在 4℃和-20℃分别保存菌株备用。

3. 侵染液：1/2MS 培养基中加入 1×B5 维生素和 5% 蔗糖，混匀后加入终浓度为 50μl/100ml Silwet L-77 试剂，在使用前加入 6-苄氨基嘌呤（benzylamino purine，10μl/L of 1mg/ml stock in DMSO），使其在溶液中的终浓度为 0.044 μmol/L。或者使用含有 50μl/100ml Silwet L-77 的 5% 蔗糖水溶液作为侵染液。

4. 1/2 MS 固体培养基（参见实验三十三植物培养基的配制）。

5. 50mg/ml 卡那霉素。

【实验方法】

一、农杆菌感受态细胞的制备

1. 将农杆菌 GV3101 接种在含有 25mg/L 庆大霉素的 LB 固体

培养基上，26～28℃培养48小时。

2. 挑取单菌落接种到40ml LB液体培养基中，28℃条件下，250r/min悬浮培养12～20小时。

3. 在超净工作台上将菌液转入无菌的50ml离心管中，4℃，5000r/min离心8分钟。

4. 弃上清液，用100mmol/L NaCl（4℃预冷）重悬农杆菌，4℃，5000r/min离心8分钟。

5. 弃上清液，加入原始农杆菌菌液1/50体积（800μl）的20mmol/L $CaCl_2$溶液重悬菌体，并分装成100μl/管。

6. 将分装后的离心管置于液氮中10秒，-80℃保存。

二、质粒转化农杆菌

1. 将感受态农杆菌GV3101（100μl/管）置冰上，加入1μg质粒DNA（质粒体积不超过10μl）。充分混匀后在冰上放置30分钟。

2. 置于液氮中1分钟。

3. 迅速转入37℃水浴中，待其融化。

4. 加入1ml LB液体培养基，28℃，250r/min，培养2～4小时。

5. 将菌液均匀涂布到含有50mg/L卡那霉素和25mg/L庆大霉素的LB固体培养基上，在超净台上吹干。

6. 28℃条件下，培养48小时。

7. 挑取单菌落接种到含有卡那霉素和庆大霉素的液体LB培养基中，28℃条件下，250r/min离心，培养48小时后的菌液用于保存和植株转化。

三、利用花浸法转化拟南芥

1. 在转化前三天，接种含有双元载体的农杆菌到5ml含有抗生素（25mg/L庆大霉素和50mg/L卡那霉素）的LB液体培养基中，28℃下振荡培养2天。

2. 两天后，将1ml培养的农杆菌转移到100ml含有抗生素的

LB 液体培养基中，28℃继续振荡培养约 24 小时，此时 OD_{600} 为 1.2～1.8。

3. 将农杆菌转入离心管中，6000r/min，室温条件下，离心 10 分钟，然后将上清液倒出，留沉淀备用。

4. 将沉淀用 400ml 浸染液重悬，形成均匀的农杆菌悬浮液，并将农杆菌悬浮液转移到一个敞口的器皿中（500ml 烧杯）。

5. 选取初果期的健壮植株，带盆钵一起倒扣于盛有农杆菌悬浮液的容器上方，将整个花序浸入上述农杆菌悬浮液中约 30 秒，注意叶片尽量不与浸染液接触，同时确保所有的花都浸在农杆菌培养液中，莲座叶与培养液之间距离 2cm。同一个烧杯中的农杆菌悬浮液可以转化 10 株或者更多株拟南芥。在此过程中，尽量避免将蛭石倒入农杆菌悬浮液中。

6. 将盆钵取下，横放于暗箱中约 24 小时。

7. 24 小时后将处理过的拟南芥植株放于 22～25℃的光照条件下正常生长。

8. 生长约 4 周时角果变黄，用纸袋将植株套住，侧放。再过 1 周后剪下植株，收种子，在恒温培养箱中干燥 1 周后于 4℃保存。

9. 转基因种子的筛选。将收获的转基因拟南芥种子（T0 代种子，其中有的是转基因成功的，有的是没有转基因的。对于二倍体的拟南芥，此时转基因成功的种子是杂合体）置于 70% 乙醇中 1 分钟，50% 安替福明溶液中 5 分钟，无菌水洗 5 次，每次 2 分钟，然后将消毒好的种子在超净工作台中均匀撒播在含卡那霉素 50mg/L 的 1/2MS 固体培养基中，将培养皿封口置于 4℃冰箱中春化 2～3 天，之后置于 22～25℃光照培养箱中生长。观察植株生长状况，初步筛选转化体。在含卡那霉素 50mg/L 的培养基上约 3～4 天种子萌发，5～7 天后观察到转化植株开始呈现绿色，约两周后，转化植株整株呈现绿色，植株健壮，初步鉴定为转基因植株（T1

代)。同时,未转化植株则逐渐黄化(或白化)死亡。将筛选得到的转基因植株转移到蛭石中继续生长,并单株收取种子(T1 代种子)。

【注意事项】

1. 拟南芥转基因植株的准备。选取饱满的拟南芥种子,种在花盆中,置于短日照(光照 10 小时以下)温室中培养 3 周后转放到长日照条件下(光照 12 小时以上)诱导抽苔开花。开花时用剪刀切去莲座叶以上主花轴(此时植株高约 10cm),以促进次生花轴抽苔。剪切后 7 ~ 9 天用作转化实验材料,此时植株高 10 ~ 15cm,最大花序已产生第 1 个角果,转化实验前一天停止浇水。

2. 如果 T-DNA 为单一位点插入,此时的 T1 代种子中有纯合体也有杂合体,还有没有转化的种子,分离比为 1∶2∶1。将 T1 代种子在含 50mg/L 卡那霉素的培养基上筛选,得到 T2 代的植株,此时的植株有纯合体也有杂合体。T2 代植株结种子后,单株收获种子(T2 代种子)。如果是纯合体(T2 代)的种子,则在含 50mg/L 卡那霉素的培养基上筛选 T2 代种子时,种子均具有卡那霉素抗性,即萌发的小苗均为绿苗;如果是杂合体(T2 代)的种子,则在含 50mg/L 卡那霉素的培养基上筛选 T2 代种子时,种子出现分离比,即绿苗∶黄化苗=3∶1。

【思考题】

1. 拟南芥稳定转化有哪 5 种基本方法,试分析不同转化方法的优缺点。

2. 阐述植物转基因技术的应用。

3. 拟南芥作为研究植物发育的重要模式植株之一,有哪些特性?

4. 为了提高转基因的效率,需要注意哪些事项?

5. 在拟南芥转基因研究中，如何获得 T-DNA 插入的纯合体？

6. 在转基因研究中，为什么有时候要强调一定要获得纯合体？

附：聚乙二醇介导的拟南芥原生质体转化方法

向植物原生质体瞬时导入外源大分子可以更快地对被导入材料的生物学活性进行分析。瞬时检测手段具有易操作性，可以用于鉴定启动子区的顺式作用调节序列，比较不同启动子间的转录强度以及研究环境因子对基因表达的影响，此外，用聚乙二醇介导的原生质体转化方法可以研究蛋白质在植物细胞内部的相互作用。

将 DNA 转入植物细胞的方法有很多。其中聚乙二醇（PEG）介导的转化常常用于建立稳定转化和基因的瞬时表达研究。PEG 介导的转化具有一些优点：首先，达到最大的基因瞬时表达条件时，被转化细胞的存活率和细胞分裂速率很高；其次 PEG 介导的转化所用的材料和仪器较常规和便宜；最后，进一步的研究证明这种简单可靠的方法广泛适用于各种可制备原生质体的植物和组织。

植物组织取材和原生质体的制备方法可能会影响转化过程。在分离原生质体的操作中，利用较为温和的条件进行较长时间的细胞壁消化，会提高转化效率。热激处理可以增加某些系统的瞬时表达水平。但是在另外一些系统中却降低表达水平。可以分别采取简短的热激处理和不用热激处理进行转化实验。

调节 PEG 溶液中的二价阳离子可以获得不同的转化效率。用 Ca^{2+}代替 Mg^{2+}可以产生更高的瞬时表达水平，二价离子的浓度在 5～15mmol/L 范围可以使细胞的存活与 DNA 的吸收达到很好的平衡。

不同 PEG 浓度和处理时间以及 PEG 来源和分子量是影响转化效率的重要因素。对于较脆弱的原生质体的制备应用分子量高达 4000U 甚至高达 8000U 的 PEG 更为合适。

拟南芥叶肉细胞原生质体的提取和转化

主要根据 Sheen（2001）的方法，略加修改。

1. 取生长在温室中 3 ~ 4 周拟南芥的叶片，将其剪成 0.5 ~ 1mm 的叶条，用于原生质体的提取，作为 PEG 诱导转基因的实验材料。

2. 将这些细条放入三角瓶中，加入 10ml 酶解液，抽真空 20 ~ 40 分钟。以 22℃，每分钟 60 次转速酶解 3 小时。

3. 用 35 ~ 75 目的筛子过滤酶解液，并倒入离心管中。100g 离心，将原生质体沉入管底，弃上清液。

4. 轻微振荡使沉淀悬浮，加入预冷的 W5 溶液清洗原生质体，100g 离心 2 分钟，弃上清液。

5. 再次轻微振荡使沉淀悬浮，加入预冷的 MMg 溶液清洗原生质体，100g 离心 2 分钟，弃上清液，保留适量的体积进行 PEG 转化。

6. 取 10μl 已成功构建的 GFP 融合基因的 DNA（10 ~ 20μg）于离心管中，加入 100μl 含有原生质体的溶液，混匀之后再加入 110μl PEG 溶液，混匀，置 23℃温育 30 分钟进行转化。

7. 转化后，加入 0.44ml W5 溶液，100g 离心 2 分钟，以去除 PEG。

8. 重新微振荡并悬浮沉淀，取 100 μl 沉淀加入 W5 至总体积为 1ml，将溶液放入细胞培养板中，室温培养 12 ~ 16 小时。

9. 用激光共聚焦显微镜观察转化及表达情况。

溶液配制

1. 酶解液：1.5%（w/v）纤维素酶 R10，0.4%（w/v）离析酶 R10，0.4mol/L 甘露醇，20mmol/L KCl，20mmol/LMES（pH5.7），将上述溶液 55℃ 加热 10 分钟，室温放置后，加入 10mmol/L $CaCl_2$，5mmol/Lβ-巯基乙醇，0.1%（w/v）BSA，然后

用0.45μM滤膜过滤，避光4℃保存备用。

2. PEG溶液：4g PEG4000，3mlddH$_2$O，2.5ml 0.8mol/L甘露醇，1ml 1mol/L CaCl$_2$，4℃保存备用。

3. W5溶液：154mmol/L NaCl，125mmol/L CaCl$_2$，5mmol/L KCl，2mmol/L MES（pH5.7）。

4. MMg溶液：0.4mol/L甘露醇，15mmol/L MgCl$_2$，4mmol/L MES（pH5.7）。

实验六　农杆菌介导的烟草转基因方法

【实验目的】

1. 通过本实验使学生掌握烟草的叶盘转化方法。
2. 掌握植物细胞培养中的无菌操作技术和无菌苗再生技术。

【实验原理】

根瘤农杆菌可以侵染受伤的植物组织和细胞。经过农杆菌侵染后的植物细胞和组织可以分化出苗，然后通过抗性筛选获得转基因植株。

【实验材料】

烟草无菌苗的准备：将烟草（*Nicotiana tabacum* L-cv wisconsin 38）种子置于75%乙醇中，30秒后用无菌水清洗，之后再用50%安替福明溶液消毒30分钟，用无菌水洗5遍。将灭菌后的种子平铺于MS固体培养基（pH 5.8）上，琼脂浓度为0.8%。待长出小苗后，将小苗转移到培养盒中继续进行无菌培养，直到长出若干叶片后备用。

【实验器材】

1. 恒温摇床和恒温培养箱：培养农杆菌。

2. 超净工作台：接种和转化植株。

3. 高压灭菌锅：培养基灭菌。

4. 离心机和离心管：收集农杆菌。

5. 大平皿、手术刀和镊子等用具。

【药品试剂】

1. YM 培养基：详见第一部分第二节实验四农杆菌培养、感受态细胞准备和质粒转化。

2. MS 培养基：详见第四部分实验三十三植物培养基的配制。

3. 烟草生芽培养基：MS 培养基、0.59g/L MES、3% 蔗糖、6 ~7g/L 琼脂粉，灭菌后加入 2.0g/L 甘氨酸、1000 倍稀释的维生素、1000 倍稀释的 NAA 和 BAP；pH 5.8 ~6.0。

BAP（2mg/ml）：称取 100mg BAP，用几滴 1mol/L KOH 溶解，蒸馏水定容到 50ml。

NAA（1mg/ml）：称取 100mg NAA，用 1ml 乙醇溶解，再加入 3ml 1mol/L KOH，然后用 1mol/L HCl 定容到 6ml，最后用蒸馏水将溶液定容到 100ml。

4. 烟草抗性筛选培养基：MS 培养基、0.59g/L MES、3% 蔗糖、6 ~7g/L 琼脂粉，灭菌后加入 2.0g/L 甘氨酸、1000 倍稀释的维生素、1000 倍稀释的 NAA 和 BAP、500mg/L 羧苄青霉素和 300mg/L 卡那霉素；pH 5.8 ~6.0。

5. 烟草生根培养基：MS 培养基、0.59g/L MES、3% 蔗糖、6 ~7g/L 琼脂粉，灭菌后加入甘氨酸至终浓度为 2.0g/L、1000 倍稀释的维生素、200mg/L 羧苄青霉素、100mg/L 卡那霉素；pH 5.8 ~6.0。

【实验方法】

1. 无菌苗的准备，方法见实验材料部分。

2. 农杆菌的培养：接种 LBA4404（含有目的基因的双元质粒，农杆菌感受态的准备和重组质粒的转化方法同前）于固体培养基上，2 天后挑取单菌落于 50ml YM 液体培养基中，200r/min，28℃，生长 42～48 小时至 OD_{600} 为 1.0 左右。3000g 离心收集农杆菌，用 MS 液体培养基悬浮农杆菌至 OD_{600} 约 0.5。

3. 烟草叶盘转化和共培养：取无菌苗叶片，保留中脉，切成 0.25cm² 大小的叶盘，在预培养基（MS＋MES 0.59g/L 3% 蔗糖＋6～7g/L 琼脂粉＋2.0g/L 甘氨酸＋1000 倍稀释的维生素）中培养 2 天。将预培养后的叶盘于菌液中浸泡 10 分钟。叶片表皮朝下，置于共培养基上（MS＋MES 0.59g/L＋NAA 0.1mg/L＋BAP 1mg/L＋卡那霉素 300mg/L），每个培养皿中放置 6～7 片叶盘，光照培养箱中共培养 2～3 天。

4. 筛选并培养再生芽（如图 1-2 所示）：共培养结束后，用液体 MS 培养基清洗叶片 2 次，再用添加羧苄青霉素 Carb（500mg/L）的液体 MS 培养基清洗 1 次。叶盘转移至选择培养基上（MS 培养基＋MES 0.59g/L＋NAA 0.1mg/L＋BAP 1mg/L＋卡那霉素 300mg/L

左图为农杆菌浸染后的叶片在筛选培养基上生长；

右图为农杆菌浸染后的叶片在筛选培养基上培养约 1 个月后生长出具有抗性的小苗。

图 1-2　叶盘转化法

+羧苄青霉素 500mg/L)。每隔 15 天继代 1 次。

5. 生根培养：待再生芽长至 1cm 左右时切取小芽移至生根培养基上（1/2MS+卡那霉素 100mg/L+Carb 200mg/L）继续在光照培养箱中培养。

6. 待小苗生根后，将小苗移栽入蛭石或直接移入土中。

7. 十天后移栽入土钵，并进行相关转基因植株鉴定。

【思考题】

1. 烟草的转化方法有哪些？其各有哪些优缺点？

2. 在配制培养基时，维生素和甘氨酸要通过过滤的方法进行灭菌，而且要在培养基高压灭菌后再加入到培养基中，这样做的原因是什么？

实验七　农杆菌介导的水稻转基因方法

水稻（*Oryza sativa* L.）是世界上最主要的粮食作物之一。近年来，DNA 重组技术、遗传操作技术、水稻基因图谱的研究取得了显著发展，2000 年 4 月美国 Monsanto 公司和 2001 年 2 月 Syngenta 公司先后宣告完成粳稻日本晴基因组测序草图。我国也已宣布完成籼稻 9311 的序列框架图。目前，以大规模分离、鉴定基因组序列功能为特征的水稻功能基因组研究正在迅速发展，水稻遗传转化体系的建立和发展对于上述研究工作的进行是至关重要的。水稻遗传转化体系日臻完善，农杆菌介导法、基因枪法、PEG 法和花粉管通道法等方法均在水稻遗传转化研究中应用并获得转基因植株。目前采用最多的方法是基因枪法和农杆菌介导法。

农杆菌介导的水稻遗传转化体系非常成熟，在国内外得到了广泛应用，而且不存在严格的基因型特异性，在培养基上预培养 2 ~ 3 天的成熟胚愈伤组织和未成熟胚均可作为外源基因转移的受体材料，其再生能力和转化能力都比较理想，获得成功的农杆菌菌系有

LBA4404、A281 和 EHA105 等。此外，基因枪介导的水稻遗传转化体系比较成熟，实际工作中的应用也较为广泛。

【实验目的】

1. 学习并掌握农杆菌介导的水稻转基因操作方法。
2. 学习并掌握水稻愈伤组织培养和幼苗再生方法。

【实验原理】

农杆菌转化水稻的原理与烟草转化的原理相同。转化过程中加入了乙酰丁香酮，可以克服以往农杆菌对于单子叶植物不感染的问题，使转化效率有很大的提高。

【实验材料】

以水稻中花 11 种子作为实验材料。

【实验器材】

1. 恒温摇床和恒温培养箱：培养农杆菌。
2. 超净工作台：接种和转化植株。
3. 高压灭菌锅：培养基灭菌。
4. 离心机和离心管：收集农杆菌。
5. 大平皿、手术刀和镊子等用具。

【药品试剂】

N6 大量元素、N6 微量元素、维生素和 Fe-EDTA 的配方和使用方法见实验三十三中植物培养基的配制。

1. 诱导和继代培养基：N6 大量元素、N6 微量元素、2. 5mg/ml 2，4-D、Vitamin、Fe-EDTA、0. 6g CH、0. 3% phytagel 和 3% Sucrose，调节 pH 值至 6. 0，定容至 1L。

2. 农杆菌悬浮培养基：1/2N6 大量元素、1/2N6 微量元素、2.0mg/ml 2，4-D、Vitamin、Fe-EDTA、0.6g CH、2% Sucrose、1% Glucose 和 200 μmol/L AS，调节 pH 值至 5.2，定容至 1L。

3. 预培养基和共培养基：1/2N6 大量元素、1/2N6 微量元素、2.0mg/ml 2，4-D、Vitamin、Fe-EDTA、0.6g CH、0.8% agarose、2% Sucrose、1% Glucose 和 200 μmol/L AS，调节 pH 值至 5.6，定容至 1L。

4. 抗性筛选培养基：N6 大量元素、N6 微量元素、2.5mg/ml 2，4-D、Vitamin、Fe-EDTA、0.3g Pro、0.3% phytagel、3% Sucrose、400mg/L Cef 和 50mg/L Hn，调节 pH 值至 6.0，定容至 1L。

5. 分化培养基：N6 大量元素、N6 微量元素、Vitamin、Fe-EDTA、2% Sucrose、0.6g CH、3mg/L BA、0.2mg/L NAA 和 0.3% phytagel，调节 pH 值至 6.0，定容至 1L。

注：CH：水解酪蛋白；AS：乙酰丁香酮；Hn：潮霉素；Cef：头孢霉素；Pro：脯氨酸；NAA：萘乙酸。

【实验方法】

一、农杆菌感受态的制备

1. 将农杆菌 EHA105（或其他菌株）划 YM 平板，26～28℃培养 48 小时。

2. 挑取单菌落接种到 40ml YM 液体培养基中，250r/min 悬浮培养 12～16 小时。

3. 在超净台上将菌液转入灭过菌的 50ml 离心管中，4℃条件下 8000r/min，离心 8 分钟。

4. 弃上清液，用 100 mol/L NaCl（4℃预冷）重悬农杆菌；

5. 4℃，8000r/min，离心 8 分钟。

6. 弃上清液，加入原始菌液 1/50 体积（800μl）的 20 mmol/L $CaCl_2$ 重悬菌体，分装 100μl/管（此时的感受态农杆菌可以直接用于转化）。

7. 置液氮中10秒钟，放入-80℃冰箱中保存备用。

二、质粒转化农杆菌

1. 将感受态农杆菌置于冰上，加入1μg质粒DNA（体积不宜超过10μl），充分混匀，置冰上30分钟。

2. 置液氮中1分钟（时间不能过长）。

3. 迅速转入37℃水浴中，待其融化。

4. 加入1ml YM液体培养基。

5. 28℃，230r/min培养2~4小时。

6. 3000r/min离心2分钟，将上清液吸去500μl，留500μl于管中。

7. 振荡重悬菌体，并涂布到含有适当抗生素的YM平板上，吹干。

8. 28℃培养48小时。

9. 挑取单菌落接种到液体YM培养基中，28℃，250r/min培养48小时，菌液用于转化。

三、农杆菌的培养和悬浮

1. 将农杆菌接种在含有相应抗生素的YM培养基上，28℃条件下，暗培养48小时。

2. 在50ml离心管中加入30ml共培养的培养基。然后取灭菌小勺刮取农杆菌，用小勺的背面将菌体贴在管壁上轻轻拍散，使农杆菌悬液的OD_{600}达到0.8~1.0（也可以将培养后的农杆菌接种到100ml的液体培养基中，培养至OD_{600}达到0.8~1.0）。

四、农杆菌转化水稻愈伤组织

1. 选择致密、相对干燥的胚性愈伤组织转移到新鲜的N6固体培养基上，28℃条件下暗培养2~4天。

2. 把经过前培养的愈伤组织集中至一个平皿中，一次性转入准备好的农杆菌菌液，轻轻转动离心管使得菌液分布均匀，感染时间为15~25分钟。

3. 在无菌超净工作台上将菌液倒出，把愈伤组织倒在无菌滤纸上放置 2 小时左右，保证菌液被滤纸吸干，转移愈伤组织至 1/2 共培养基，20℃条件下，暗培养 2～3 天。

4. 将共培养的愈伤组织转入 50ml 离心管中，用无菌水清洗 3 次以上，至液体较清亮。

5. 最后一次倒出无菌水后，加入含有 500mg/L 头孢霉素的 N6 液体培养基，于 100r/min 条件下振荡 15～20 分钟，重复 2～3 次。

6. 将愈伤组织倒在无菌滤纸上吸干多余菌液，并在超净工作台上吹干 2 小时以上。将干燥的愈伤组织转入含有 250mg/L 头孢霉素的 N6 固体培养基上，28℃条件下暗培养 7～10 天。

7. 将没有被农杆菌污染的愈伤组织转入含有 250mg/L 头孢霉素和 50mg/L 潮霉素的 N6 固体培养基上，28℃条件下暗培养 15～20 天。

8. 再一次将愈伤组织转入仅含有 50mg/L 潮霉素的 N6 固体培养基上，28℃条件下暗培养 15～20 天。

9. 将最后一次筛选获得的愈伤组织转入含有 50mg/L 潮霉素的 MS 固体培养基上，28℃条件下暗培养 12～15 天。

10. 选出长势良好的淡黄色愈伤组织转移到含有 50mg/L 潮霉素的 MS 固体培养基上，光照条件下，28℃培养 15～20 天，可以看到有绿色的小芽出现，一般 15 天左右换一次培养基。

11. 当绿芽的长度达到 2 厘米左右时，剥去周围多余的愈伤组织，剪去根，转移至 1/2MS 生根培养基中继续培养。长出根系后，将再生植株转入培养钵中于蔽阴处培养 4～5 天。

12. 转入大田中培养至成熟。

【思考题】

1. 如何获得过量表达某个功能基因的纯合体转基因植株？

2. 在农杆菌介导的转基因方法中，影响水稻转基因成功的因素有哪些？

第三节　拟南芥 T-DNA 插入突变体的获得和鉴定

插入突变体库的构建方法有许多种，应用较多的是 T-DNA 插入突变和转座子插入突变。这两种获得突变体方法的基本原理都是通过转基因的方法在植物染色体上插入一段外源 DNA 序列，从而造成插入位点附近基因功能的缺失或者改变。转座子的方法稳定性较差，同时工作量也比较大。T-DNA 插入突变体法具有以下优势：①可以通过农杆菌进行转化；②插入植物染色体上的拷贝数低；③稳定性好；④T-DNA 在基因组上的整合位点随机分布；⑤通过插入外源 DNA 上的标签序列，可以方便迅速地克隆突变基因。目前，T-DNA 插入突变体法已被广泛应用于植物发育生物学研究领域。至今已经构建了 225000 多个拟南芥 T-DNA 插入突变体，获得了 360000 个 T-DNA 插入位点序列。水稻中也已经构建了 200000 个 T-DNA 插入系。

最初的 T-DNA 插入突变载体，是左右边界内只包含一个选择标记基因（一般是抗性基因）的载体。在用这类载体建立的突变体库中，能得到部分基因功能缺失的突变体，但不能得到有功能冗余及致死效应的基因的突变体，也很难研究具有高度多效性的基因。

为了弥补这方面的不足，构建出了新的载体，即激活标签载体和 T-DNA 诱捕载体。

基因激活标签法（activation tagging）在植物发育生物学的研究中具有重要作用。1992 年，Hayashi 等人首次发现并将该技术应用于拟南芥基因的分离和鉴定。他们在 T-DNA 的右侧边缘区构建了一个携带除草剂抗性标记基因和花椰菜花叶病毒 35S 启动子的四聚体，将其作为增强子，通过农杆菌介导的转基因方法，随机插入拟南芥的基因组中。由于增强子的作用，在插入位点附近的基因会被激活而得到过量表达，故被称为基因激活标签法。该种方法获得的过量表达突变体为显性突变，表型在 T1 代就可以观察到。

T-DNA 诱捕载体的基本原理是将含有已知 DNA 序列的 T-DNA 载体通过转化插入植物基因组中，使得插入位点基因的功能缺失或获得，从而造成突变，并在被诱捕序列启动子的控制下表达插入的报告基因，用于鉴定可见或者不可见的突变。该方法通过插入的报告基因的表达来研究被插入基因的表达模式，而且对致死基因也可以在杂合状态下进行研究。由于报告基因是显性的，因此对基因的检测不是通过检测突变体的表型，而是通过检测报告基因的活性，从而使得冗余基因得以标记。对于能够产生突变体表型的 T-DNA 插入，由于报告基因的检测很方便，使得表型和 T-DNA 的共分离分析变得更加简单。这种技术被称为 T-DNA 诱捕技术（T-DNA entrapment technique）。常用的有三种类型的诱捕技术：增强子诱捕（enhancer traping）、启动子诱捕（promoter traping）和基因诱捕（gene traping）。

增强子诱捕：增强子的特点是能够在相隔几个 kb 的地方起作用，通过位置效应影响外源基因的表达。在增强子诱捕载体中，显性报告基因被融合到一个最小的启动子下游。此启动子上只含有 TATA box，不含有影响基因表达专业性和表达水平调控的启动子元件。当该载体的这部分整合到植物染色体上时，如果能够被基因组上的增强子激活，其上面的报告基因就会表达。如图 1-3 所示。

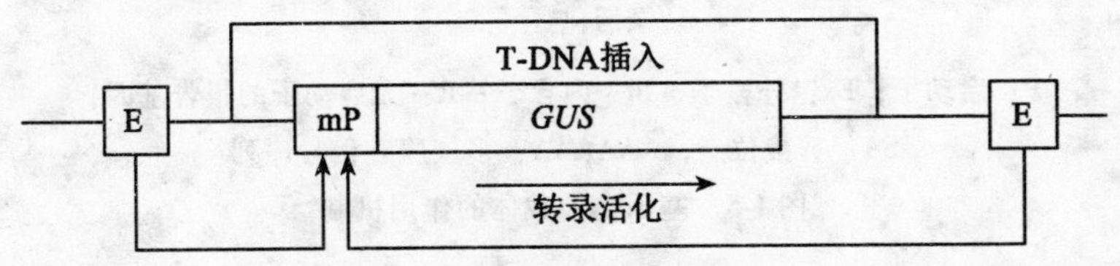

E：靠近 T-DNA 插入的基因组中的增强子；mP：最小启动子；*GUS*：报告基因

图 1-3　增强子诱捕载体的作用机制

启动子诱捕：在启动子诱捕载体上没有最小启动子序列，即在报告基因上没有启动子。如果 T-DNA 插入到基因组中启动子的下游，则报告基因开始表达。如图 1-4 所示。

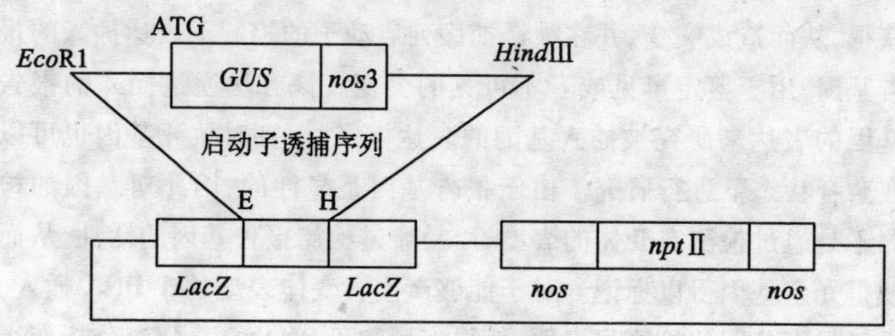

图 1-4　启动子诱捕载体

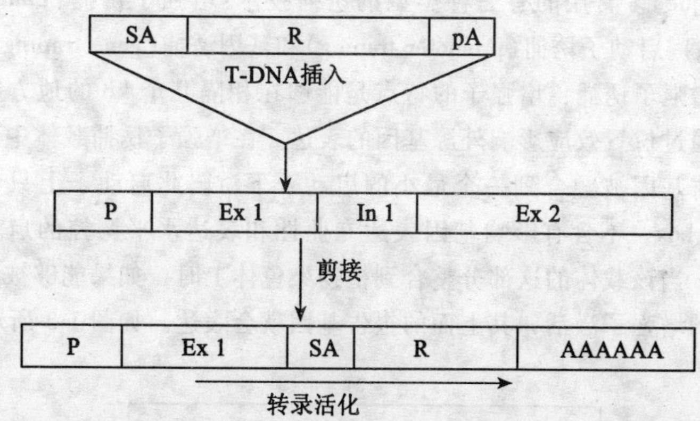

P：启动子；Ex：外显子；In：内含子；R：无启动子的报告基因；

SA：剪接位点；AAAAAA：多聚腺苷信号序列

图 1-5　基因诱捕载体的作用机制

基因诱捕：该载体上也没有功能启动子，但有一个内含子剪接位点（splice acept or site，SA）。当 T-DNA 插入染色体上某个基因的外显子、内含子剪接位点时，由于SA的正确引导，可以确保与外显子序列翻译融合，避免标记基因插入内含子是被剪接的可能。如图1-5所示。

实验八 拟南芥T-DNA插入突变体库的获得

【实验目的】

1. 了解T-DNA插入获得突变体的原理。
2. 掌握获得拟南芥T-DNA插入突变体库的方法。

【实验原理】

获得T-DNA插入突变体的基本原理是将含有已知DNA序列的T-DNA载体通过转化插入植物基因组中，使得插入位点基因的功能缺失或获得，从而造成突变。该方法通过插入的报告基因的表达来研究被插入基因的表达模式，而且对致死基因也可以在杂合状态下进行研究。由于报告基因是显性的，通过检测报告基因的活性分析基因的表达情况，从而使得冗余基因得以标记。对于能够产生突变体表型的T-DNA插入，由于报告基因的检测很方便，使得表型和T-DNA的共分离分析变得更加简单。这种技术称为T-DNA诱捕技术。常用的有三种类型的诱捕技术：增强子诱捕（enhancer traping）、启动子诱捕（promoter traping）和基因诱捕（gene traping）。

【实验材料】

拟南芥：拟南芥种植在22～23℃温室中，满足16小时光照条件。

【实验器材】

恒温振荡培养箱；低温冷冻离心机；PCR仪等。

【药品试剂】

农杆菌 GV3101；载体 pSKI015；LB 培养基。

PCR 相关试剂：Taqase，dNTPs，10 倍反应缓冲液，35S 启动子引物（具体序列见实验十七中图 2-1）。

0.2% 除草剂 Basta；Silwetl-77；50% 蔗糖。

【实验方法】

1. 拟南芥的种植：拟南芥种子均匀播种于蛭石中，每盒种 4 株。

2. 菌种培养：将含有激活标记载体 pSKI015 的农杆菌菌种划平板进行活化，28℃恒温倒置培养两天后挑取多个单克隆，分别接种于 5ml 液体 LB 培养基（添加 50mg/L 卡那霉素和 50mg/L 氨苄青霉素）中，28℃，220r/min 条件下振荡培养至菌液 OD_{600} 为 0.5 左右（约培养 1 天），用于 PCR 检测。

3. 激活标记载体 4 个串联增强子的 PCR 检测：带有激活标记载体的农杆菌在 4℃保存或继代培养时，载体上的 4 个串联增强子容易逐个丢失。菌种在使用前需用 PCR 的方法检测增强子是否完整。如果串联增强子完整，PCR 产物电泳结果应包括一条长度为 1.46kb 的相对很亮的特异条带。

4. 转化用农杆菌菌液的制备：取 PCR 检测含有 4 个完整增强子的农杆菌 GV3101 约 100μl 接种于 50ml 液体 LB 培养基中扩大培养（添加 50mg/L 卡那霉素和 50mg/L 氨苄青霉素），28℃，220r/min 振荡培养（大约培养 1 天）至菌液 OD_{600} 为 1.0 左右，倒入大离心管中，5000r/min 离心 5 分钟，弃上清液，沉淀用 50% 蔗糖重悬，最终菌液 OD_{600} 在 0.8～1.0 左右，在农杆菌菌液中加入 0.2μl/ml Silwetl-77，即可用于转化。

5. 根瘤农杆菌介导的花侵染法转化拟南芥，见第一部分第二节实验五的操作步骤。

6. 除草剂 Basta 抗性苗的筛选：待农杆菌转化的拟南芥种子成熟后，将种子收集，烘干后除去果荚皮等杂质，然后进行抗性筛选。具体过程如下：将收获的转基因拟南芥 T1 代种子再种植于蛭石中，使其萌发。待幼苗长出两片真叶后，用 0.2% 的 Basta 溶液喷洒，没有黄化的绿苗即为 Basta 抗性苗，从拟南芥 Basta 抗性苗中提取 DNA 并进行 PCR 检测，然后用 Tail-PCR 法扩增得到侧翼序列，分析得知所激活的基因的序列及功能，建立激活标记突变体库。

【思考题】

简述 T-DNA 诱捕技术获得突变体库的原理和操作方法。

实验九　拟南芥 T-DNA 插入突变体的筛选——植株表型分析和鉴定

【实验目的】

1. 通过本实验使学生掌握转基因植株外部形态观察的方法。
2. 掌握在细胞和组织水平上鉴定转基因植株的方法。

【实验原理】

相对于野生型植株而言，转基因植株在外部形态、细胞和组织结构、代谢水平等方面均可能产生一定的变化。转基因植株的这些变化往往是由基因表达和细胞组织水平上的代谢变化所造成的。

【实验材料】

拟南芥野生型植株及转基因植株。

【实验器材】

冰冻切片机，普通显微镜，荧光显微镜，冰箱，培养箱等。

【实验方法】

下面列出的是正常野生型拟南芥和突变体的外部形态。

1. 种子

拟南芥成熟的野生型种子仅0.3～0.5mm长，20～30μg干重，种子椭圆形，饱满，棕色。种子的大小随生长条件和遗传背景不同稍微有所变化。

常见种子的异常表型有：

(1) 对称、圆形、长椭圆形、枯萎状。

(2) 大小：偏大、偏小。

(3) 颜色：咖啡色、浅棕色、黄色、绿色、白色。

(4) 质地：光滑的、皱纹的。

(5) 育性：坏死的、半育的。

(6) 萌发：早萌发、晚萌发、不萌发。

2. 子叶

常见子叶的异常表型有：

(1) 数目：没有、一个、三个、三个以上。

(2) 大小：不对称、比一般大、比一般小。

(3) 颜色形状：闭合状、白化状、呈现表皮毛。

(4) 子叶的叶柄：颜色异常、形状异常（如呈钩状或呈扭曲状）、大小异常（长度、直径）、出现坏疽。

(5) 衰老过快或过慢。

3. 下胚轴

常见异常表型有：

(1) 数目：多个或缺失。

（2）长度：过长或过短。

（3）颜色：各种异常颜色。

（4）形状：形状异常（如呈弯曲状）。

拟南芥幼苗下胚轴的生长受很多环境信号以及植物内部发育进程的影响，如光照、激素等。通过观察下胚轴的生长状况，可以筛选出于环境信号、激素信号有关的突变体。

4. 根

根据发育的先后顺序，拟南芥的根可以分为初生根和次生根。

常见初生根的异常表型有：

（1）根系大小：偏小、偏大。

（2）数目：缺失、多于一根。

（3）尺寸：直径粗或细、长度长或短。

（4）形状：根的角度异常、没有向地性、波浪形根、璞形、螺旋形、缠绕形。

（5）颜色：各种颜色的变化。

（6）根毛：颜色异常、长度异常、间距大小异常、数目异常、根毛缺失。

常见次生根的异常表型有：

（1）尺寸：更长、更短。

（2）形状：直的、螺旋形、有分岔的、更粗、更细。

（3）颜色：不同颜色的变化。

（4）间距：更密，更宽。

（5）数目：多、少、缺失。

（6）侧根数目：偏多、偏少、无侧根。

（7）根毛：颜色异常、长度异常、分布异常、数目异常、缺失。

根的生长较容易测定，对根尖生长的测定可以表明生长活性。根生长可以用很多方法进行测量，最简单的方法是将拟南芥生长在培养皿中，在一定时间记录根尖的位置，根长度的增加可以用尺度量，并输入计算机用软件（NIH-image）进行分析。

由于拟南芥根尖取材方便，结构简单，是目前研究生长素信号转导、细胞分裂等问题的良好材料。

5. 茎

常见茎的异常表型：

（1）株高：偏高、偏矮。

（2）生长速度：快、慢。

（3）大小：偏粗、偏细。

（4）颜色：各种异常颜色。

（5）结构：融合状、柔软的、波浪状、多节或多分支的、丛生。

（6）茎节间距：偏大、偏小、变化的。

（7）茎生叶：多、少。

（8）分支：数目多或少、颜色异常、分支角度偏大或偏小、长度偏长或偏短、大小偏粗或偏细。

（9）顶端优势：非常明显、不明显。

6. 叶

莲座叶常见异常表型：

（1）数目：偏多、偏少、无莲座叶。

（2）大小：偏大、偏小。

（3）衰老速度：快、慢。

（4）颜色异常：苍绿色、黑绿色、花青色。

（5）叶柄：长叶柄、短叶柄。

（6）生长部位：偏上性、偏下性。

（7）形状：圆叶、窄叶。

叶子的整体形态的异常表型：

（1）大小：偏大或偏小。

（2）叶原基有缺陷。

（3）叶间距：偏大或偏小。

（4）衰老叶子的数目：多或少。

（5）叶子萎蔫。

（6）叶序：异常。

（7）叶子与枝条的交角：偏大或偏小。

叶柄的异常表型：

（1）颜色：各种异常的颜色。

（2）形状：螺旋状、顺时针弯曲、逆时针弯曲。

（3）叶柄融合。

（4）尺寸：长度偏长或偏短、直径偏大或偏小。

叶片的各种异常表型：

（1）颜色：各种异常颜色。

（2）形状：圆的、尖的、平的、向上弯曲、向下弯曲。

（3）坏疽覆盖率：25%、50%、75%。

（4）尺寸：偏大或偏小、偏长或偏短、偏宽或偏窄。

（5）叶中脉：颜色异常、直径偏大或偏小、位置偏左或偏右。

（6）叶脉：颜色异常、纹路异常、大小异常。

7. 花

常见花的异常表型：

（1）花的数目：偏多、偏少。

（2）开花时间：早开花、晚开花、不开花。拟南芥从营养生长向生殖生长过程中，叶原基转变为花原基。开花时间的长短可用不同标准来衡量，可以选择刚刚在茎顶端看到花芽的天数，也可以取第一朵花开放的时间，也可以用主茎抽苔 1cm 的时间。同时，由于开花所需要的天数与某一条件下生成的叶片数目之间存在着相关性，因此，也可以以叶片数目来确定开花时间。

（3）形状：呈融合状。

（4）雄性不育。

（5）花梗：长度偏长或偏短、与茎的交角偏大或偏小、呈融合状。

（6）萼片：数目偏多或偏少、颜色异常、形状扭曲的、大小偏大或偏小、偏长或偏短。

（7）花瓣：数目偏多或偏少、颜色异常、形状大小、长短异常或不规则。

（8）雄蕊：数目偏多或偏少、颜色异常、形状异常。

（9）心皮：数目每个雌蕊多一个或少于一个、颜色异常和形状异常。

8. 角果

常见角果的异常表型：

（1）数目：偏多或偏少。

（2）大小：偏长或偏短、偏粗或偏细。

（3）无种子或很少的种子。

（4）形状：弯曲的、不均匀的宽度、融合状的。

（5）颜色：各种异常颜色。

（6）母体发芽。

9. 胚胎发生

常见胚胎发生的异常有：

（1）顶基模式缺失突变：顶部区缺失、中央区缺失、基部区缺失和末端区缺失。

（2）径向模式缺失突变：三种组织（表皮、基本组织和维管细胞）的缺失或异常。

（3）形状改变突变体：幼苗各种形态的异常。

10. 激素反应

植物对于各种激素都有自己的信号传递系统，这些信号传递系统在植物生长和发育过程中发挥着重要作用。筛选与激素反应相关的突变体可以通过在培养基中施加激素，观察突变体与野生型生长状态的不同来实现。

11. 胁迫反应

可以根据各种胁迫条件下的不同反应，筛选出与胁迫有关的突变体。

实验十 T-DNA 插入位点基因的克隆和鉴定——Tail-PCR

克隆功能基因是植物发育分子生物学研究中的重要基础。基因克隆中常用的图位克隆、转座子标签或 T-DNA 标记等方法都要依靠染色体步移技术。染色体步移（chromosome walking）是指由生物基因组或基因组文库中的已知序列出发逐步探知其旁邻的未知序列或与已知序列呈线性关系的目的序列核苷酸组成的方法和过程。但是基于细菌人造染色体（bacterial artificial chromosomes，BAC）重叠群的染色体步移方法比较繁琐，并且费时较长，而基于 PCR 的染色体步移技术则相对比较简便，得到了广泛应用。

热不对称交错 PCR（thermal asymmetric interlaced PCR，简称 TaiL-PCR）是一种建立在 PCR 反应基础上，用来分离与已知序列邻近的未知 DNA 序列的分子生物学技术。该技术由 Liu 和 Whitter 于 1995 年首先研究并报道。该技术以基因组 DNA 为模板，使用高退火温度的长特异引物和短的低退火温度的简并引物，通过特殊的热不对称（高严谨性 PCR 和低严谨性 PCR 交替）循环程序，有效扩增特异产物。可以应用于从酵母菌人工染色体（yeast artificial chromosome；YAC）和 BAC 克隆中分离获得插入末端的 DNA 序列和拟南芥 T-DNA 侧翼序列。近年来，该法已被研究者广泛应用，成为分子生物学研究中常用的克隆基因侧翼序列的技术。

【实验目的】

1. 掌握热不对称交错 PCR 的原理。

2. 掌握利用 Tail-PCR 技术获得 T-DNA 插入位置 DNA 序列的方法。

【实验原理】

Tail-PCR 技术原理是：以基因组 DNA 作为模板，利用依照目标序列旁的已知序列设计的 3 个较高退火温度的嵌套特异性引物（special primer，SP）和一个较短且 Tm 值较低的随机简并（arbitrary degenerate，AD）引物组合，通过 3 轮具热不对称的温度循环的分级反应来进行 PCR 扩增，获得已知序列的侧翼序列。

由一个特异性引物和一个简并引物相组合构成的 PCR 反应叫做“半特异性 PCR”。这种反应会产生 3 种不同类型的产物：由特异性引物和简并引物扩增出的产物；由同一特异性引物扩增出的产物；由同一简并引物扩增出的产物。在 Tail-PCR 反应中，后两种非目标产物可以通过以嵌套的特异性引物进行的后续反应来消除。

Tail-PCR 一般反应的步骤如图 1-6 所示。各实验室可根据自己的实际需要对其中的步骤进行适当的完善和修改。

Tail-PCR 中的第 1 轮 PCR 反应包括 5 次高严谨性反应、1 次低严谨性反应、10 次较低严谨性反应和 12 次热不对称的超级循环。经过上述一系列的反应得到了不同浓度的 3 种类型产物：特异性产物（Ⅰ型：特异引物和 AD 引物的扩增产物）和非特异性产物（Ⅱ型：特异引物自身的扩增；III 型：AD 引物自身的扩增）。

第 2 轮反应则将第 1 轮反应的产物稀释 1000 倍作为模板（在实际应用中常常根据需要稀释 200 倍或者 100 倍），高退火温度的特异引物 SP2 与相应的 AD 引物结合，通过 10 次热不对称的超级循环，使特异性的产物被选择性扩增。

第 3 轮反应是将第 2 轮反应的产物稀释 1000 倍作为模板（在实际应用中常常根据需要稀释 200 倍或者 100 倍），特异引物 SP3 与相应 AD 引物组合，一般采用普通 PCR 反应或热不对称的超级

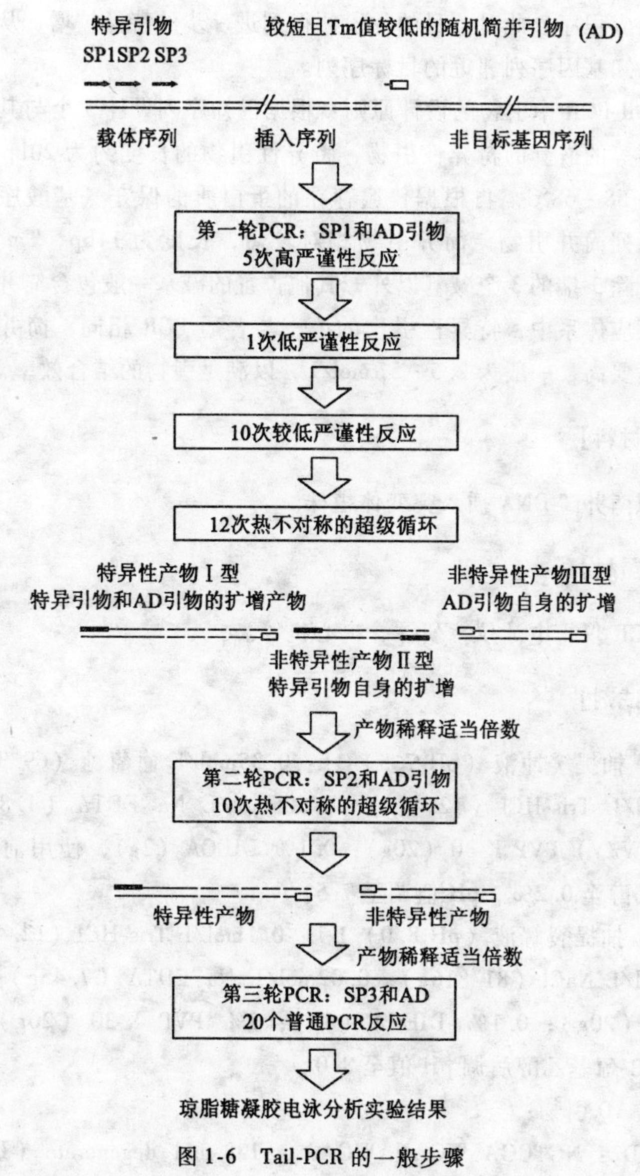

图 1-6 Tail-PCR 的一般步骤

循环反应程序。此时，目的片段便得到进一步的特异扩增，从而获得与已知基因序列邻近的目标序列。

Tail-PCR 中引物的设计原则：根据已知序列设计 3 个与其边界距离不等的嵌套的特异性引物，特异性引物的长度约为 20bp，Tm 一般为 58～68℃。再根据普遍存在的蛋白质的保守氨基酸序列设计一系列简并引物，简并引物相对较短，长度为 14bp，Tm 30～48℃。除 3′端的 3 个碱基以外，其他位置的碱基一般包含简并核苷酸。反应体系中，特异性引物的浓度与普通 PCR 相同，简并引物的浓度要高，一般为 2.5～5μmol/L，以满足引物的结合效率。

【实验材料】

拟南芥 T-DNA 插入突变体植株。

【实验器材】

PCR 仪，电泳仪，研钵，离心机等。

【药品试剂】

1. 抽提缓冲液（pH 7.5）1L：0.35mol/L 葡萄糖（69.36g）；0.1mol/L Tris-HCl（12.44g）；0.005mol/L Na_2 EDTA（1.86g）；2%（W/V）PVP K-30（20g）；0.1% DIECA（2g），使用前加 β-巯基乙醇至 0.2%，pH 值调至 7.5。

2. 抽提裂解液（pH 8.0）1 L：0.1mol/L Tris-HCl（12.44g）；1.4mol/L NaCl（81.816g）；0.02mol/L Na_2 EDTA（7.45g）；2% CTAB（20g）；0.1% DIECA（1g）；2% PVP K-30（20g），加 0.2% β-巯基乙醇后调 pH 值至 8.0。

3. AD 引物：

AD2：NGTCGASWGANAWGAA　128-fold degenerate（Liu et al.，1995）

AD1：TGWGNAGSANCASAGA　　128-fold degenerate（Liu and Whittier，1995）

AD2：AGWGNAGWANCAWAGC　128-fold degenerate（Liu and Whittier，1995）

AD5：STTGNTASTNCTNTGC　　256-fold degenerate（Tsugeki et al.，1996）

AD1：NTCGASTWTSGWGTT　　64-fold degenerate（Liu et al.，1995）

AD3：WGTGNAGWANCANAGA　256-fold degenerate（Liu et al.，1995）

S=G or C；W=A or T；N=A，C，G or T。

4×AD 引物中个种引物的浓度：64 fold degenerate 的引物为 8μmol/L；128 fold degenerate 的引物浓度为 12μmol/L；256 fold degenerate 的引物浓度为 16μmol/L。将各个引物按照上述终浓度的需要稀释并混合，4×AD 引物保存在-20℃。

4. T-DNA 序列的特异引物：

右引物：

RB1 ATTAGGCACCCCAGGCTTTACACTTTATG

RB2 GTATGTTGTGTGGAATTGTGATCGGATAAC

RB3 TAACAATTTCACACAGGAAACAGCTATGAC

左引物：

LB1 GCCTTTTCAGAAATGGATAAATAGCCTTGCTTCC

LB2 GCTTCCTATTATATCTTCCCAAATTACCAATACA

LB3 TAGCATCTGAATTTCATAACCAATCTCGATACAC

5. 乙醇、异丙醇、10mmol/L Tris-EDTA 缓冲液（pH 8.0）、灭菌水、DNA 聚合酶（Taqase）及缓冲液、dNTP 等。

【实验方法】

一、植物基因组 DNA 的提取（CTAB 法）

1. 取幼嫩叶片于研钵中，加预冷的抽提缓冲液，迅速充分研磨。

2. 用剪宽了的 200μl 枪头将研磨液吸入 1.5ml 离心管中，4℃下 12000r/min 离心 10 分钟。

3. 取上清液至新的 1.5ml 离心管中，加 400μl 预热到 65℃的裂解缓冲液，并迅速搅拌均匀，65℃水浴中 30 分钟。每隔 10 分钟轻轻摇动一次。

4. 加入等体积的氯仿：异戊醇（24：1），轻轻上下颠倒混匀至溶液成一相。

5. 室温 12000r/min 离心 10 分钟。

6. 用剪宽了的 200μl 枪头取上清液至新管，重新加入等体积的氯仿：异戊醇（24：1），轻摇混匀。

7. 室温 12000r/min 离心 10 分钟。取上清液至新管，加入 2/3 体积冰冷的（-20℃）异丙醇，轻轻上下颠倒混匀，这时会出现絮状的 DNA 沉淀。-20℃冷冻 30 分钟。

8. 将 DNA 转移至新管，用 75% 乙醇浸泡以洗掉盐离子和去除杂质，2～3 次。倒掉乙醇，将 DNA 风干，用 200μl pH 8 的 10 mmol/L Tris-EDTA（TE）缓冲液溶解。

9. DNA 质量的电泳检测。吸取 2μl 的 DNA 在 1% 的琼脂糖上检测。

【注意事项】

CTAB 法提取基因组 DNA 原理：CTAB 是一种非离子去污剂。CTAB 与核酸形成复合物，此复合物在高盐（大于 0.7mmol/L）浓度下可溶，并稳定存在，但在低盐浓度（0.1～0.5mmol/L NaCl）

下 CTAB-核酸复合物就因浓度降低而沉淀，而大部分的蛋白质及多糖等仍溶解于溶液中。经离心弃上清液后，CTAB-核酸复合物再用 75% 酒精浸泡可洗脱掉 CTAB。

二、Tail-PCR

步骤参照《拟南芥实验手册》（Weigel and Glazebrook，2004）。

1. 在冰上将 Taq 聚合酶、dNTPs、$MgCl_2$、特异引物和 4×AD 引物混合物按照表 1-2 的比例加入 PCR 管中，总体积为 20μl。

表 1-2　**Tail-PCR 反应中第一轮 PCR 反应体系**

名称	终浓度
H_2O	
特异引物 1	2μmol/L
4×AD 引物混合物	1×
10×缓冲液	1×
$MgCl_2$	1.5mmol/L
dNTPs	0.2mmol/L each
Taq 聚合酶	0.04U/μl

2. 加入 5μl 稀释后的基因组 DNA（稀释后的浓度为 0.1 ~ 0.2ng/μl）。

3. 开始第一轮 PCR 反应：

Step 1　=　4℃2 分钟
Step 2　=　93℃1 分钟
Step 3　=　95℃1 分钟
Step 4　=　94℃30 秒
Step 5　=　62℃1 分钟
Step 6　=　72℃150 秒

Step 7 = 回到 Step 4 并再重复 4 个循环

Step 8 = 94℃30 秒

Step 9 = 25℃3 分钟

Step 10 = 每秒升高 0.2℃，一直到 72℃

Step 11 = 72℃150 秒

Step12 = 94℃10 秒

Step 13 = 68℃1 分钟

Step 14 = 72℃150 秒

Step 15 = 94℃10 秒

Step 16 = 68℃1 分钟

Step 17 = 72℃150 秒

Step 18 = 94℃10 秒

Step 19 = 44℃1 分钟

Step 20 = 72℃150 秒

Step 21 = 回到 Step12 并再重复 14 个循环

Step 22 = 72℃5 分钟

Step 23 = 4℃保持

4. 将第一轮 PCR 的产物混匀后在离心机上分离，然后置于冰上备用。

5. 按照表 1-3 将 PCR 混合物加到 PCR 管中，准备进行第二轮的扩增。

表 1-3 **Tail-PCR 反应中第二轮 PCR 反应体系**

名称	终浓度
H_2O	
特异引物 2	2μmol/L
4×AD 引物混合物	1×

续表

名称	终浓度
10×缓冲液	1×
$MgCl_2$	1.5mmol/L
dNTPs	0.2mmol/L each
Taq 聚合酶	0.03U/μl

每 20μl 第二轮反应混合物中加入 4μl 稀释 200 倍后的第一轮 PCR 产物。

6. 开始第二轮 PCR 反应：

Step 1 = 4℃2 分钟
Step 2 = 94℃10 秒
Step 3 = 64℃1 分钟
Step 4 = 72℃150 秒
Step 5 = 94℃10 秒
Step 6 = 64℃1 分钟
Step 7 = 72℃150 秒
Step 8 = 94℃10 秒
Step 9 = 44℃1 分钟
Step 10 = 72℃150 秒
Step 11 = 回到 Step 2 并再重复 11 个循环
Step 12 = 72℃5 分钟
Step 13 = 4℃保持

7. 将第二轮 PCR 的产物混匀后在离心机上稍离心片刻，然后置于冰上备用。

8. 按照表 1-4 的浓度将 PCR 混合物加到 PCR 管中，准备进行第三轮的扩增。

表 1-4　　**Tail-PCR 反应中第三轮 PCR 反应体系**

名称	终浓度
H_2O	
特异引物 3	2μmol/L
4×AD 引物混合物	1×
10×缓冲液	1×
$MgCl_2$	1.5mmol/L
dNTPs	0.2mmol/L each
Taq 聚合酶	0.03U/μl

每 50μl 第三轮反应混合物中加入 5μl 稀释 100 倍后的第一轮 PCR 产物。

9. 第三轮 PCR 反应：

Step 1 = 4℃2 分钟
Step 2 = 94℃10 秒
Step 3 = 44℃1 分钟
Step 4 = 72℃150 秒
Step 5 = 回到 Step 2 并再重复 19 个循环
Step 6 = 72℃5 分钟
Step 7 = 4℃保持

10. 2% DNA 凝胶电泳分析第二轮和第三轮 PCR 产物。

【思考题】

1. Tail-PCR 技术的原理是什么？
2. Tail-PCR 技术在植物发育生物学研究中有哪些应用？

实验十一　T-DNA 插入突变体纯合体的鉴定

【实验目的】

1. 熟练掌握植物基因组 DNA 快速提取的方法。
2. 掌握利用 PCR 方法鉴定 T-DNA 插入突变体的方法。

【实验原理】

"三引物法"的原理如图 1-7 所示，即采用三个引物（LP、RP、LB）进行 PCR 扩增。野生型植株（wild type，WT）目的基因的两条染色体上均未发生 T-DNA 插入，所以其 PCR 产物仅有 1 种，分子量约 900bp（即从 LP 到 RP）。纯合突变体植株（homozygous lines，HM）目的基因的两条染色体上均发生 T-DNA 插入，而 T-DNA 本身的长度约为 17kb，过长的模板会阻抑目的基因特异扩增产物的形成，所以也只能得到 1 种以 LB 与 RP（或 LP，根据 T-DNA 在基因上插入的方向选择）为引物进行扩增的产物，分子量约 410+Nbp（即从 LP 或 RP 到 T-DNA 插入位点的片段，长度为 300+Nbp。再加上从 LB 到 T-DNA 载体左边界的片段，长度为 110bp）。杂合突变体植株（heterozygous lines，HZ）只在目的基因的一条染色体上发生了 T-DNA 插入，所以 PCR 扩增后可同时得到 410+Nbp 和 900bp 两种产物。电泳结果差异明显（如图 1-7 所示），能有效区分不同基因型的植株。此法的优点是可同时鉴定出纯合突变体并确证 T-DNA 的插入情况。

T-DNA 序列上的引物如下。基因上的引物设计可以通过拟南芥网站 http：//signal. salk. edu/tdnaprimers. html 自动生成，也可以根据自己的需要进行设计。一般进行鉴定的引物距离 T-DNA 插入的位置 300bp 以上为宜，即 300+Nbp。

LB- Left border primer of the T-DNA insertion：

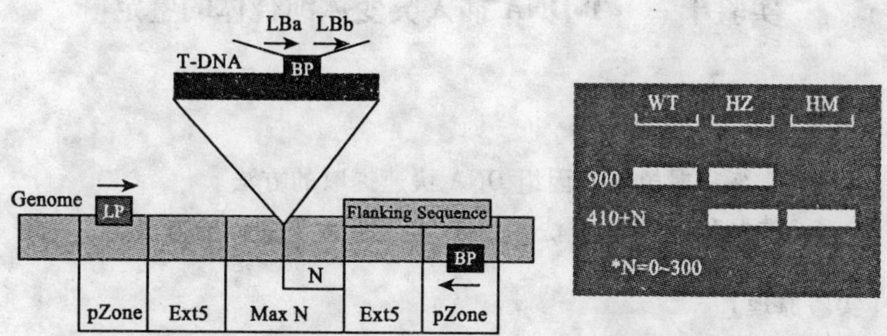

N：实际插入位点与侧翼序列之间的距离，一般为 0～300bp；MaxN：T-DNA 在基因组上实际插入位点的最大范围，一般在 300bp 左右；pZone：用于设计引物 RP 和 LP 的合适区域，一般在 100bp 左右；Ext5，Ext3：指的是在 MaxN 和 pZone 之间的区域，该区域不适合设计鉴定引物 RP 和 LP；LP：左侧鉴定引物；RP：右侧鉴定引物；BP：T-DNA 边缘的引物；LB：T-DNA 左侧边缘引物。

图 1-7 “三引物法”鉴定 T-DNA 插入突变体的原理

（引自：http：//signal. salk. edu/tdnaprimers. html）

>LBb1 of pBIN-pROK2 for SALK lines：GCGTGGACCGCTTGCT-GCAACT

>LBa1 of pBIN-pROK2 for SALK lines：TGGTTCACGTAGTGGGC-CATCG

注：上述的引物仅限于来源于 SALK 公司的 T-DNA 插入突变体植株的鉴定。

【实验材料】

拟南芥 T-DNA 插入突变体植株和野生型植株。

【实验器材】

台式离心机、移液枪、研钵、1.5ml 离心管、PCR 仪、电泳仪、DNA 电泳槽、凝胶紫外分析仪等。

【药品试剂】

提取缓冲液：200mmol/L Tris-Cl（pH 7.5）；250mmol/L NaCl；25mmol/L EDTA；0.5% SDS；70% 乙醇；异丙醇；10 mmol/L Tris-EDTA 缓冲液（TE）；灭菌水；DNA 聚合酶（Taqase）及缓冲液；dNTP（10mmol/L）；LBa 和 LBb 引物；基因特异引物；50×TAE 等。

【实验内容与方法】

一、植物基因组 DNA 快速提取

操作参照《拟南芥实验手册》（Weigel and Glazebrook，2004）。

此方法提取的基因组 DNA 只适用于 PCR 的鉴定，不适合酶切和大片段基因的扩增。

1. 取拟南芥一片叶片，置于 1.5ml 离心管中，加入 400μl 提取缓冲液。

2. 用研磨棒研磨叶片，直至缓冲液变为绿色。

3. 在台式离心机上 13000r/min 离心 5 分钟。

4. 离心后将上清液 300μl 转移至一个新的 1.5ml 离心管中。

5. 在上清液中加入 300μl 异丙醇，混匀后于室温下 13000r/min，离心 5 分钟。

6. 弃上清液后，用 70% 乙醇润洗沉淀，并在室温下干燥沉淀。

7. 100μl TE 溶解沉淀，将制备好的样品保存在 4℃ 冰箱中备用。

二、PCR 鉴定

1. 将下列溶液加入 PCR 管中，具体见表 1-5。

表 1-5 **PCR 鉴定拟南芥纯合体的反应体系（30μl 反应体系）**

名称	保存浓度	加样体积
H_2O		20μl
引物 1	10 μmol/L	2.5μl
引物 2	10 μmol/L	2.5μl
10×缓冲液	1×	3μl
dNTPs	2.5mmol/L each	0.5μl
植物基因组 DNA		1μl
Taq 聚合酶	2.5U/μl	0.5μl

反应条件：94℃　5 分钟

30 循环(94℃/1 分钟,55℃/1 分钟,72℃/2 分钟)；

72℃延伸 10 分钟。

【注意事项】

反应条件需根据所要扩增产物的大小和引物的性质进行合适的调整。

2. 电泳并根据电泳的结果进行分析。

【思考题】

1. 简述植物基因组提取需要注意的事项。
2. PCR 方法鉴定拟南芥 T-DNA 插入突变体的原理是什么？

实验十二　T-DNA 插入突变体的互补实验

【实验目的】

1. 了解并掌握互补实验的原理。
2. 学会自主设计互补实验并完成。

【实验原理】

功能互补实验指的是通过将正常的基因转化为突变体，然后观察突变体表型是否恢复正常或发生预期的表型变化。

通过 EMS 或者 T-DNA 插入导致的基因功能失活，使得突变体具有异于野生型的表型，暗示失活的基因可能决定了该表型，如，某基因被 T-DNA 插入失活后，表现出对 ABA 不敏感，暗示该基因参与了 ABA 的信号通路。通过转基因的方法将该基因在突变体中能够正常表达，如果能够使突变体恢复对 ABA 的敏感性，则证明该基因的确参与了 ABA 信号反应，从而排除了可能是由于有其他的 T-DNA 插入位点造成的另外一个基因失活导致的表型。

无论是 EMS 诱变还是通过 T-DNA 插入获得的突变体都有一个问题，就是该突变体中突变失活的基因可能有多个。对于这种情况，一方面通过遗传的方法，即观察后代的分离比，确定突变体中的效应基因是一个还是多个。如：对于非配子体发育相关基因的突变体，如果是一个基因突变导致的表型，杂合体自交的后代表型会出现 3 : 1 的分离比；如果是两个或者多个基因突变导致的表现，则杂合体自交的后代表型不符合 3 : 1 的规律。对于配子体发育相关基因的突变体，杂合体后代的分离比则比较复杂，需要具体情况进行具体分析。另外一个常用的排除多个效应基因的方法就是通过功能互补的方法进行验证。功能互补实验是最直接、最终确证基因效应的方法。

早期的功能互补实验常用的转基因载体为过量表达载体，如pMD等。使用这类载体进行的功能互补实验实际上是将目的基因在突变体中过量表达，而且由于这类载体上的启动子大多为泛表达的组成型启动子，造成互补实验常常不能恢复到野生型的表型，而是出现了新的表现型。目前在操作互补实验时，研究者已经注意了这一问题，在构建转基因载体时，选择的是使用目的基因自身启动子加上目的基因的方法，常使用的转基因载体为pCAMBIA1300，载体图谱见图1-8所示。

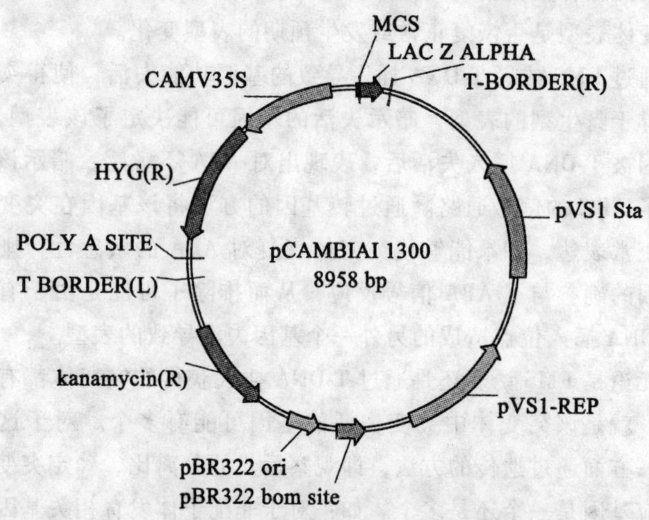

图1-8　常用互补实验载体pCAMBIA1300图谱

（引自 http：//www. cambia. org/daisy/cambia/585. html # dsy585_ Description）

【实验方法】

这里只列出步骤，具体的实验方案参照本书中的其他章节以及分子生物学操作手册。

1. 载体的选择。

2. 带有启动子序列的目的基因基因组的克隆和测序分析。

3. 带有启动子序列的目的基因基因组构建到互补载体上并验证。

4. 重组载体转化农杆菌。

5. 带有重组质粒的农杆菌转化突变体植株。如果是烟草，由于采用叶盘转化法，获得的小苗为转基因植株，可以直接观察是否恢复表型。如果是拟南芥，由于采用花浸法进行转化，需要收获当代的种子，然后进行抗生素筛选获得转基因植株，再观察是否恢复表型。

6. 转基因植株鉴定。即使是互补实验中获得的转基因植株，也需要对其进行一定的验证，如 DNA 水平验证是否将目的基因转入突变体植株以及 mRNA 水平上鉴定是否目的基因正常表达等。

【思考题】

互补实验的重要性体现在哪方面？为什么在研究基因功能的过程中需要进行互补实验？

第四节　多基因突变体的获得

植物杂交技术被广泛应用于遗传分析、作物育种等各个研究领域，是一种常规而且重要的技术手段。现代植物遗传学、植物发育生物学对基因功能的深入研究在模式植物拟南芥中广泛进行。野生型拟南芥的花由 4 部分组成，由内向外依次为 4 枚花萼、4 枚花瓣、6 枚雄蕊（2 短 4 长，称为 4 强雄蕊）和 1 枚雌蕊。拟南芥的花结构与其他的模式植物如豌豆、玉米和水稻有很大不同，下面简单介绍一下拟南芥常规的杂交方法。

实验十三　拟南芥杂交技术

【实验目的】

掌握拟南芥杂交的方法。

【实验原理】

十字花科（Brassicaceae）鼠耳芥属（*Arabidopsis*）拟南芥（*A. thaliana*），又名鼠耳芥、阿拉伯芥、阿拉伯草。拟南芥是在植物科学，包括植物遗传和植物发育研究中的模式植物之一。拟南芥在植物学中所扮演的角色如同小白鼠在医学和果蝇在遗传学中的地位一样，被科学家誉为“植物中的果蝇”。拟南芥是自花授粉的植物。

在植物发育生物学研究中，杂交技术广泛应用，可用于分析下列问题：①获得多个基因的缺失突变体，可以由单个基因突变体杂交后获得；②分析基因间的连锁关系；③分析突变体是单基因突变还是多基因突变；④判定性状是显性还是隐性遗传；⑤分析母性遗传和父性遗传，即判定某些性状是由亲本决定的还是由父本决定的。

【实验材料】

开花期的拟南芥植株。

【实验器材】

立体解剖镜、杂交专用的尖头小镊子、手持放大镜、标记牌等。

【实验方法】

1. 实验材料种植：根据不同基因型拟南芥个体生长周期的差

异，相应调整种植时间，尽可能使供杂交的父本和母本的开花期相同。

2. 去雄：在解剖镜下用镊子除去次日开花的母本的全部花萼、花瓣和雄蕊。一般情况下可以用解剖纸轻轻压住花蕾，用镊子仅摘掉一片花萼和一片花瓣，然后去雄。在操作熟练后甚至可以在不摘除花瓣和萼片的情况下进行去雄。

3. 授粉前检查：为保证杂交成功，杂交前要确认母本的雌蕊没有授粉。在解剖镜下观察除去雄蕊的花的雌蕊柱头上是否有花粉存在，若柱头上已有颗粒状花粉，说明该雌蕊已授粉，不能作为杂交的母本，应予以去除。若雌蕊未接受其他花粉，可以作为杂交的母本。

4. 授粉：用尖头小镊子小心取作为父本的雄蕊，在解剖镜下将花粉涂布在母本柱头上，并在杂交的植株旁边用标记牌作好标记，标明杂交亲本的代码。

5. 鉴定杂交结果：通常柱头授粉 10 小时后，柱头毛失去光泽，开始萎蔫。可以依次判定杂交的成功与否。如果一次授粉不成功，可以再授一次花粉。

6. 杂交后的管理：用于遗传分析的杂交实验需要数个花蕾，所以一旦确定杂交成功，就可以将母本植株上的其他花蕾除去，以保证杂交果荚能够得到足够的营养，充分发育。

7. 收获种子，在 28℃烘箱中干燥 1 周左右。去除角果果皮后将种子于 4℃储存。

【注意事项】

1. 母本植株中已经完成授粉的花以及角果要首先去除，减少收获种子中自交的后代。

2. 母本植株的去雄一定要做完全，避免自身花粉的污染。

3. 每次去雄时使用的镊子要用酒精清洗，避免花粉污染。

一、附水稻杂交方法

水稻的花器构造：栽培稻（*Oryza sativa* L.）属禾本科，稻属植物。稻穗为圆锥花序，其上着生小穗。穗轴有2个节，由节着生枝梗。从枝梗再生出小枝梗，其先端着生小穗。一个小穗为一颖花，由内颖、外颖、护颖、副护颖、鳞片、雌蕊、雄蕊各部分组成。内外颖：内外颖呈尖底船状，位于两护颖之间，外颖有芒或无芒，内颖一般无芒。护颖与副护颖：护颖着生于内外颖的外侧，长度一般约为内外颖的三分之一。副护颖着生在小穗轴的顶部。呈膨大的环状体。两边明显倾斜，形成极小的鳞片状。鳞片：位于外颖内侧，为扁平无色的肉质薄片，共有二枚。雄蕊：6枚，每3个一排，着生于子房基部；花丝细长；花药分为四室，花粉粒表面较光滑呈球形。雌蕊：分柱头、花柱和子房三部分，位于颖花的中央。柱头羽状分叉，子房卵形，内有一个胚珠，为内外珠被所包着。胚珠上方有珠孔，珠被内由薄壁细胞组成的珠心，是胚珠的重要部分；珠心内有一个孕育着的卵细胞的胚囊。

二、具体方法

1. 去雄：介绍两种不同的去雄方法。

（1）剪颖去雄法：选择第二天能开花的穗子，把穗上部的叶鞘剪去一部分，露出穗子，并将颖壳剪去1/3~1/4，用镊子除去雄蕊，然后套上纸袋，挂上纸牌，但这种方法易伤花器官，结实率低，一般只有5%左右。

（2）套袋机械去雄法：在开花前1小时，用黑色或褐色的纸袋，套在将要开花的穗子上，可促使其提早开花，大约提早15分钟。提早开花而花药未裂开，用镊子迅速自上而下把花药除去，这种去雄方便，且不伤花器官，但套袋的时间不容易掌握。

（3）水稻花粉与雌蕊耐温性不同，根据这一原理，选择一定温度的温水处理颖花，就可达到既可杀死花粉而不影响雌蕊生活力的目的。一般籼稻采用43℃温水浸穗5~10分钟，粳稻则采用

45℃温水浸穗5分钟效果较好。具体方法是将温水水温调节好，选好稻穗，把稻穗轻轻压弯，穗子全部浸入温水中。5分钟后移去温水，取出稻穗；剪去未开花颖花。留下开花颖花。

2. 授粉：在每天开花盛期，采集发育完全且刚破裂的花药作为授粉材料，用镊子夹取花药2个，轻轻塞进已去雄的小穗内，套上纸袋，挂牌。

3. 检查其结实情况。

【思考题】

简要叙述在拟南芥和水稻杂交实验中的注意事项。

第五节　目的基因RNAi及过量表达转基因植株的获得

在植物发育生物学研究中，在获得基因序列的基础上，研究者经常采用转基因技术获得降低目的基因或提高目的基因表达量的转基因植株，通过观察其表型，分析探讨目的基因在植物发育中的功能。

实验十四　RNAi原理及基本步骤

【实验目的】

了解和掌握植物RNAi技术的原理及基本步骤。

【实验原理】

在研究植物发育过程中的基因功能时，常常通过降低目的基因在植株中的表达来探求基因功能。在植物体内降低基因表达的方法较为常用的是RNA干扰。

RNA干扰（RNA interference，RNAi）是指在进化过程中高度

保守的、由双链 RNA（double-stranded RNA，dsRNA）诱发的、同源 mRNA 高效特异性降解的现象。RNAi 是在研究秀丽新小杆线虫（*C. elegans*）反义 RNA（antisense RNA）的过程中发现的，由 dsRNA 介导的同源 RNA 降解过程。1995 年，Guo 等发现注射正义 RNA（sense RNA）和反义 RNA 均能有效并特异性地抑制秀丽新小杆线虫 *par*-1 基因的表达，该结果不能使用反义 RNA 技术的理论做出合理解释。直到 1998 年，Fire 等证实 Guo 等发现的正义 RNA 抑制同源基因表达的现象是由于体外转录制备的 RNA 中污染了微量 dsRNA 而引发，并将这一现象命名为 RNAi。此后，dsRNA 介导的 RNAi 现象陆续发现于真菌、果蝇、拟南芥、斑马鱼等多种真核生物中。植物中的转录后基因沉默（posttranional gene silencing，PTGS）、共抑制（cosuppression）及 RNA 介导的病毒抗性、真菌的抑制现象均属于 RNAi。

RNAi 有两种既有联系又有区别的途径，即 siRNA（small interference RNA）途径和 miRNA（microRNA）途径。siRNA 途径是由 dsRNA（double-stranded RNA）引发的，dsRNA 被一种 RNaseⅢ家族的内切核酸酶（Dicer）切割成 21～26 nt 长的 siRNA，通过 siRNA 指导形成 RISC 蛋白复合物（RNA-induced silencing complex）降解与 siRNA 序列互补的 mRNA 而引发 RNA 沉默。而 miRNA 途径中的 miRNA 是本身存在于细胞内的、含量丰富的不编码小 RNA，一般为 21～24 个核苷酸。miRNA 由 Dicer 酶切割内源性表达的短发夹结构 RNA（hairpin RNA，hpRNA）形成。miRNA 同样可以与蛋白因子形成 RISC 蛋白复合物，可以结合并切割特异的 mRNA 而引发 RNA 沉默。

针对上面两种不同的 RNAi 途径，在植物通过转基因方法获得目的基因表达量下降的研究过程中，也有两种不同的方法。第一种方法是反义 RNA 技术。反义 RNA 技术是将目的基因的反义链构建在转基因载体上，然后转入植株中，反义链会与正义链互补结合形成双链 RNA，双链 RNA 复合体易被 RNA 酶 III 降解成为 35 nt 左右的小 RNA 分子，然后通过序列互补与 mRNA 结合，从而导致 mRNA 降解，进而抑制基因在植物中的表达。这种方法由于抑制效率较低，目前较少使用。另外一种方法是针对 miRNA 设计的转基因载体。Waterhouse 等（1998）和 Wesley 等（2001）研究发现，在强启动子的下游加上反向重复的 cDNA 片段，然后将该载体转入植物中，将会导致转基因植株中目的基因的表达下降。反向重复的 cDNA 片段转入植物基因组后，通过转录产生自我互补的 hpRNA，Dicer 酶切割 hpRNA 后形成 miRNA，miRNA 与蛋白因子形成 RISC 蛋白复合物，结合并切割特异的 mRNA 而引发 RNA 沉默。目前常用的植物 RNAi 载体是 pKannibal 质粒（图 1-9，图 1-10）。

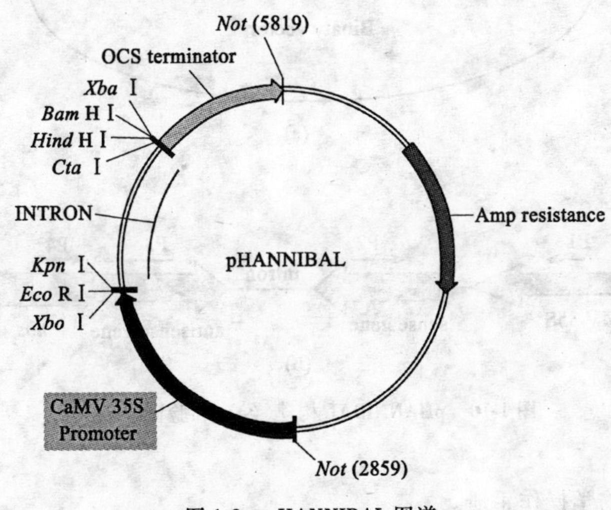

图 1-9　pHANNIBAL 图谱

【实验方法】

这里只列出步骤，具体的实验方案参照本书中的其他章节以及

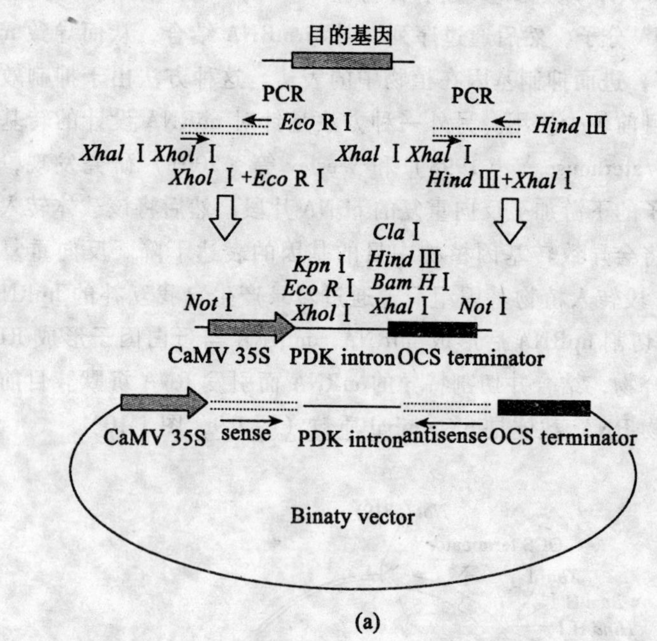

(a)

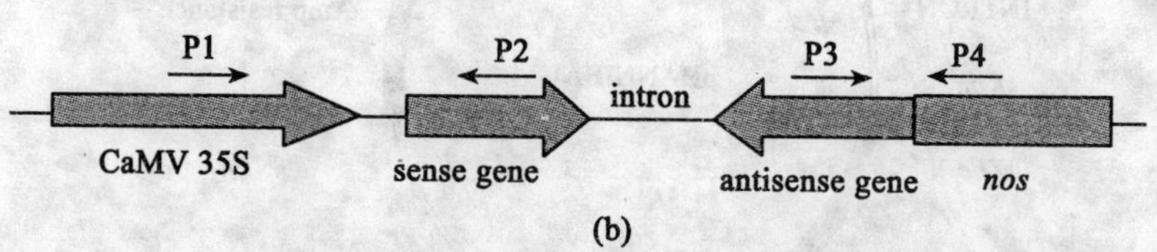

(b)

图 1-10　pHANNIBAL 构建（a）和验证（b）

分子生物学操作手册。

1. 载体的选择。

2. 从基因组序列中克隆目的基因，并测序验证。

3. 选择合适的酶切位点，按照载体说明，将目的基因构建到载体中（图 1-10（a））。验证基因是否构建到载体中的方法：一般利用载体上序列的特异引物 P1 和 P4 及基因本身特异引物 P2 和 P3 结合进行 PCR 验证，如图 1-10（b）所示。

4. 重组载体转化农杆菌。

实验十五　过量表达的原理及基本步骤

【实验目的】

1. 了解和掌握植物发育生物学研究中常用过量表达载体的性质；

2. 掌握转基因载体构建的一般方法和注意事项。

【实验原理】

花椰菜花叶病毒（CaMV）35S 启动子是组成型启动子，具多种顺式作用元件。其转录起始位点上游-343 ~ -46bp 是转录增强区，-343 ~ -208 和-208 ~ -90bp 是转录激活区，-90 ~ -46bp 是进一步增强转录活性的区域。Mitsuhara 等利用 CaMV35s 核心启动子和 CaMV 35S 启动子的 5′端不同区段与烟草花叶病毒的 5′非转录区（omega 序列）相连，发现两个 CaMV 35S 启动子-419 ~ -90 序列与 omega 序列串联后，将 GUS 构建在该启动子后面转入植株中，获得很高的 GUS 表达活性。另一种高效的组成型启动子 CsVMV 是从木薯叶脉花叶病毒（cassava vein mosaic virus，CsVMV）中分离的。该启动子-222 ~ -173bp 负责驱动基因在植物绿色组织和根尖中的表达。

在双子叶植物中过量表达某个目的基因大多采用人工改造后的 CaMV 35S 启动子，在单子叶植物如水稻中常采用泛素启动子。除了上面提到的高效表达的组成型启动子外，在植物发育生物学研究中经常使用的还有组织特异性表达启动子，如根特异启动子 *mas2′*、叶肉细胞特异启动子 *C4Pdk* 和种子特异启动子 *napinB* 等。

为了获得过量表达目的基因的转基因植株，首先需要选择合适的植物转基因载体。在选择转基因载体时除了载体要满足植物转基因的基本要求外，还需要注意以下事项：

（1）受体植株是单子叶植物还是双子叶植物？如果是双子叶植物，可以选择带有组成型 CaMV 35S 启动子的转基因载体，如 pBI121 载体；如果是单子叶植物，则大多选择含有组成型泛素启动子的转基因载体，载体图谱见图 1-11、图 1-12 所示。

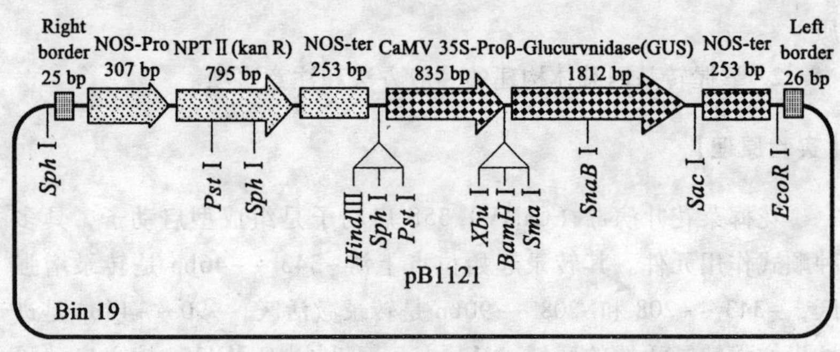

图 1-11　拟南芥中常用的过量表达载体 pBI121 图谱

（2）明确是需要组成型的过量表达目的基因，还是需要在植物特定组织部位表达目的基因。如果是组成型表达可以选择带有泛表达启动子的载体；如果是需要在特定的组织部位表达，则要选择带有合适启动子的载体。

（3）载体上面是否有合适的选择标记，如果受体植株已经具有某一抗生素（如卡那霉素）的抗性，那么在选择载体的时候避免选择利用卡那霉素进行筛选转基因植株的载体，此时可以选择具有潮霉素抗性或者是氯霉素抗性的转基因载体，从而方便筛选转基因植株。

（4）如果目的基因在植株中过量表达后可能会导致植株致死，

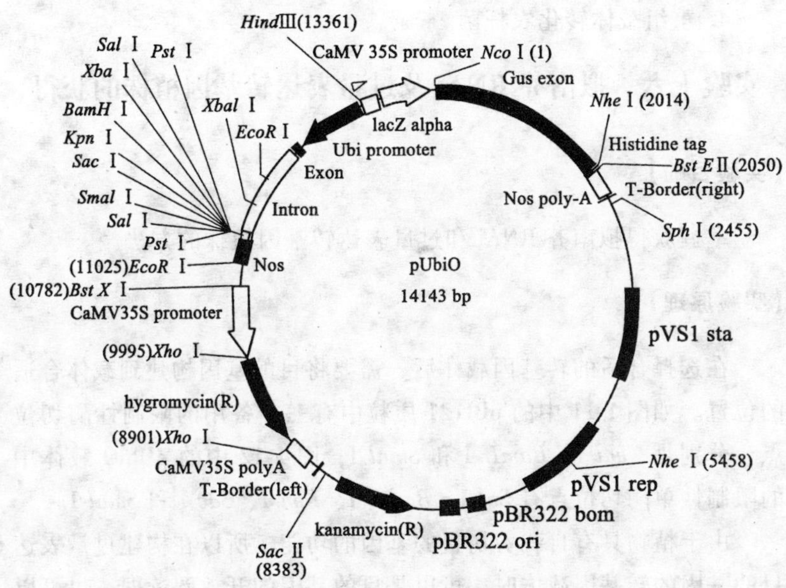

图 1-12　水稻中常用的过量表达载体图谱 pUbiO（由 pCAMBIAI1301 改造）

此时可以选择具有诱导性启动子的转基因载体，如地塞米松诱导的GR 系统、雌二醇诱导的 ER 系统、杀虫剂诱导的 EcR 系统等。这些启动子系统的优点是只有当诱导物存在时才能启动基因表达，去除诱导物后，基因表达很快被关闭，这样就可以人为、精确、快速地控制基因的表达。

【实验方法】

这里只列出步骤，具体的实验方案参照本书中的其他章节以及分子生物学操作手册。

1. 载体的选择。

2. 从基因组序列中克隆目的基因，并测序验证。

3. 选择合适的酶切位点，将目的基因构建到载体中。

4. 重组载体转化农杆菌。

实验十六　拟南芥 RNAi 及过量表达转基因植株的获得

【实验目的】

掌握获得拟南芥 RNAi 和过量表达转基因植株的方法。

【实验原理】

在选择合适的转基因载体后，需要将目的基因构建到载体合适的位置。如图 1-11 中的 pBI121 质粒中有三个备用的限制性酶切位点，分别是 *Xbal* I、*BamH* I 和 *Smal* I；图 1-12 中的 pUbiO 载体中的限制性单酶切位点有 *Sal* I、*BamH* I、*Kpn* I、*Sac* I 和 *Smal* I。

由于植物具有自我剪切目的基因的功能，所以在构建过量表达目的基因的转基因载体时，可以是目的基因的开放阅读框，也可以是基因组序列。这里需要注意的是，构建基因组到转基因载体中，仅限于将目的基因转入植物中，如果是将基因在酵母或者是大肠杆菌中表达，则一定要构建基因的开放阅读框到合适的酶切位点。下面列出了构建的一般步骤，由于在这部分涉及的实验技术是基础的分子生物学实验技术，在本书的其他部分均已涉及，所以在这里没有列出详尽的实验步骤。

【实验方法】

根据基因的 DNA 序列，设计合适的引物，从植物基因组中克隆目的基因，并构建在 T-载体中，进行测序验证；将验证后的基因从 T-载体上酶切下来后，连接到转基因载体中；将连接有目的基因的转基因载体转入农杆菌中。这部分的实验方法见本节实验十四和实验十五。

1. 利用农杆菌介导的转基因方法转化植株（以拟南芥为例）。

2. 收获种子后进行抗性筛选，获得转基因的植株（具体方法参照实验八）。

【思考题】

1. 利用农杆菌介导的转基因方法获得的 T1 代 RNAi 植株是否具有表现型？试分析原因。

2. RNAi 或者是过量表达植株的表型分析是否一定要求是纯合体？如果不是，那么在什么情况下要求一定是纯合体，才能够正确分析转基因植株的表型？

第二部分　植物发育相关突变体及转基因植株的验证和分析

通过前述方法获得的突变体和转基因植株需要进一步鉴定，才能肯定是某个基因的表达发生了变化，即基因突变或转基因成功。具体鉴定突变体的方法包括遗传学方法和分子生物学的方法。遗传学方法主要是指杂交实验，如通过自交分析突变体的表型是否可以稳定遗传，从而排除突变体的表型是由环境或者其他因素造成的；同时自交结果还能够分析是多个基因突变还是单基因突变，具体情况具体分析。本章主要介绍从分子生物学角度鉴定和分析植物突变体和转基因植株的方法和技术，包括从 DNA、RNA 和蛋白质三个不同角度进行鉴定及分析。

第一节　转基因植株 DNA 水平的鉴定

本节主要介绍两种常用的从 DNA 水平鉴定突变体的方法，前面章节中介绍的 T-DNA 插入突变体的鉴定也是 DNA 水平的鉴定方法。本节中的两种方法分别是 PCR 方法验证外源基因是否转入植株，另外一种方法是利用 Southern 杂交的方法证明外源基因在转基因植株中的拷贝数以及是否整合到宿主染色体上。

实验十七　PCR方法验证外源基因转入植株

【实验目的】

1. 掌握利用 PCR 方法鉴定转基因植株的基本原理。
2. 掌握植物基因组 DNA 提取的方法。
3. 掌握采用 PCR 方法鉴定转基因植株。

【实验原理】

经过抗性筛选获得的转基因植株并非就是真正成功的转基因植株，抗性筛选过程中存在着一定的假阳性，还需要进一步的验证。其中利用 PCR 技术可以简单地初步验证植株是否为转基因植株。该方法涉及的实验技术简单，仅需要从转基因植株的叶片提取基因组 DNA 并进行 PCR 扩增。需要注意的是在 PCR 实验中需要根据载体的信息设计合适的引物。一般情况下，可以选择启动子和基因3′端的序列设计特异性引物，但是这种启动子必须不是植物所具有的，如 35S 启动子等。也可以选择 35S 启动子上的引物进行简单的鉴定。采用 PCR 方法进行转基因植株的验证时还必须注意需要有野生型植株作对照，即以野生型植株的基因组 DNA 为模板进行的 PCR 扩增。

【实验材料】

拟南芥转基因材料（如：转入 pBI121 空白质粒的植株）。

【实验器材】

PCR 仪，高速离心机，电泳仪，核酸凝胶电泳槽，紫外凝胶成像系统等。

【药品试剂】

1. PCR 相关试剂。

2. 5′端引物：35S 启动子序列特异性引物（图 2-1）。

3. 基因组 DNA 提取相关试剂（见实验八）。

4. DNA 电泳相关试剂。

ctgccgacag tggtcccaaa gatggacccc cacccacgag gagcatcgtg gaaaaagaag

35S primer

acgttccaac cacgtcttca aagcaagtgg attgatgtga catctccact gacgtaaggg

35S primer

atgacgcaca atcccactat ccttcgcaag acccttcctc tatataagga agttcatttc

atttggagag gacacgctga aatcaccagt ctctctctat aaatctcact ctctctctat

图 2-1　花椰菜花叶病毒 *CaMV*35S 启动子的部分序列及鉴定引物

【实验方法】

植物基因组 DNA 的提取，参见实验十一。

1. 按照表 2-1 将下列溶液加入 PCR 管中。

表 2-1　**PCR 方法验证外源基因转入植株的反应体系（以 30μl 反应体系为例）**

名称	保存浓度	加样体积
H_2O		19.3μl
35S5′引物	10μmol/L	3μl
35S3′引物	10μmol/L	3μl
10×缓冲液	10×	3μl
dNTPs	2.5mmol/L/each	0.5μl
植物基因组 DNA		1μl
Taq 聚合酶	5U/μl	0.2μl

反应条件：94℃　5 分钟

30 循环(94℃/1 分钟,55℃/1 分钟,72℃/30 秒)；

72℃延伸 10 分钟。

由图 2-1 中 35S 启动子上的引物进行鉴定时，合成的产物大小为 123bp。

2. 电泳并根据电泳的结果进行分析。

附：

1. 当选择检测转基因植株中的 *nos* 终止子序列时，使用的引物序列如下。使用该引物扩增后的目的片段大小为 118bp。

5′引物：5′ccgcgcgcgataatttatcc 3′

3′引物：5′gcatgacgttatttatgagatggg 3′

2. 当选择将 35S 启动子 5′端引物与 *nos* 终止子的 3′端引物合用时，扩增的片段中包括了连入载体中的目的基因，参见载体图 1-11。

实验十八　Southern 杂交验证转基因植株中外源基因的拷贝数

【实验目的】

通过本实验使学生了解 Southern 杂交的原理和步骤。

【实验原理】

Southern 杂交用于证明外源 DNA 是否确实整合到转基因植株的基因组中，此技术不仅能检测外源 DNA，而且也能推算出外源基因在染色体上的拷贝数。Southern 杂交可用来检测经限制性内切酶切割后的 DNA 片段中是否存在与探针同源的序列。其步骤如下(图 2-2)：

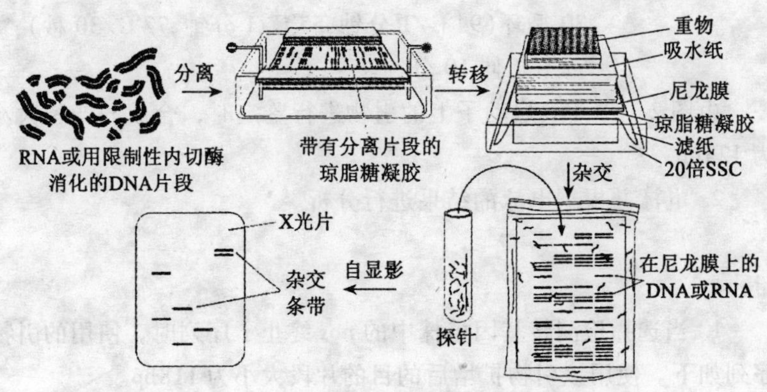

图 2-2 Southern 杂交和 Northern 杂交的示意图
（转引自中山大学生命科学学院遗传学网络课程）

（1）提取 DNA，酶切 DNA，凝胶电泳分离各酶切片段，然后使 DNA 原位变性。

（2）将 DNA 片段转移到固体支持物（硝酸纤维素滤膜或尼龙膜）上。

（3）预杂交滤膜，掩盖滤膜上非特异性位点。

（4）让探针与同源 DNA 片段杂交，然后漂洗除去非特异性结合的探针。

（5）通过显影检查目的 DNA 所在的位置。

Southern 杂交能否检出杂交信号取决于许多因素，包括目的 DNA 在总 DNA 中所占的比例、探针大小和比活性、转移到滤膜上的 DNA 量以及探针与目的 DNA 间的配对情况等。在最佳条件下，放射自显影曝光数天后，Southern 杂交能很灵敏地检测出低于 0.1 pg 用 ^{32}P 标记的高比活性探针的（>109 cpm/μg）互补 DNA。

【实验材料】

烟草和拟南芥野生型植株及转基因植株。

【实验器材】

高速离心机，电泳仪，核酸凝胶电泳槽，紫外凝胶成像系统，FX 分子成像系统等。

【药品试剂】

1. TE Buffer：50mmol/L EDTA，10mmol/L Tris-HCl，pH7.4。

2. 3mol/L 醋酸钠。

3. 7.4mol/L 醋酸铵。

4. 70%（V/V）乙醇。

5. 5mol/L 醋酸钾。

6. 提取液：500mmol/L NaCl，50mmol/L EDTA，0.38%（w/v）Sodium Bisulfate，1.25%（w/v）SDS，100mmol/L Tris-HCl（pH8.0），8.3mmol/L NaOH。

【实验方法】

一、植物基因组 DNA 的提取

1. 取拟南芥叶片 150mg，置于 2ml 的离心管中。

2. 在离心管中倒入液氮，待挥发至原体积一半时，用小型研棒研磨，直至磨碎。

3. 加入 700μl 预热（65℃）的提取液，用牙签混匀。

4. 将混合液在 65℃水浴中温浴 10 分钟。

5. 加入 220μl 5mol/L 的醋酸钾并混匀。

6. 将混合液在冰上放置 20～40 分钟，4℃，12000r/min 离心 3 分钟，转移上清液至一新的离心管。

7. 加入0.7倍体积预冷的异丙醇，混匀，4℃放置3分钟以加速沉淀。4℃，12000r/min离心3分钟。

8. 弃上清液，向沉淀中加入等体积预冷的70%乙醇并混匀。4℃，12000r/min离心3分钟。

9. 重复第8步操作。

10. 将所得沉淀在空气中干燥一会儿。

11. 加入300μl TE Buffer涡旋振荡2秒钟。

12. 65℃下放置5分钟，涡旋振荡2秒钟。

13. 加入150μl 7.4mol/L醋酸铵，轻轻摇匀，5000r/min离心沉淀杂质。

14. 将上清液平均转移到1.5ml的离心管中，加入330μl异丙醇，混匀。

15. 12000g离心8分钟沉淀DNA。用70%乙醇洗涤，晾干或真空干燥。

16. 分别加入25μl TE Buffer，4℃溶解沉淀过夜。

17. 65℃下放置5分钟，涡旋2秒，-20℃保存。

二、基因组DNA的限制酶切

【注意事项】

根据实验目的决定酶切DNA的量。一般Southern杂交每一个电泳通道需要10～30μg的DNA。购买的限制性内切酶都附有相对应的10倍浓度缓冲液，并可从该公司的产品目录上查到最佳消化温度。为保证消化完全，一般用2～4U的酶消化1μg的DNA。消化的DNA浓度不宜太高，以0.5μg/μl为宜。由于内切酶保存在50%甘油内，而酶只有在甘油浓度<5%的条件下才能发挥正常作用，所以加入反应体系的酶体积不能超过1/10。

1. 按照表2-2在1.5ml离心管中依次加入基因组DNA、10×酶切缓冲液和限制性内切酶，在最适温度下消化1～3小时。

表 2-2　　**基因组 DNA 的限制性酶切**

名称	保存浓度	加样体积
H_2O		500μl
DNA	1μg /μl	20μl
10×酶切缓冲液	10×	4μl
限制性内切酶	10U/μl	5μl

2. 消化结束时可取 5μl 电泳检测消化效果。如果消化效果不好，可以延长消化时间，但不超过 6 小时。或者放大反应体积，或者补充酶再消化。如仍不能奏效，可能的原因是 DNA 样品中有太多的杂质，或酶的活力下降。

3. 消化后的 DNA 加入 1/10 体积的 0. 5mol/L EDTA，以终止消化。然后用等体积酚抽提，等体积氯仿抽提，2. 5 倍体积乙醇沉淀，少量 TE 溶解（参见 DNA 提取方法，但离心转速要提高到 12000g，以防止小片段 DNA 丢失）。

【注意事项】

如果需要两种酶消化 DNA，而两种酶的反应条件一致时，则两种酶可同时进行消化；如果反应条件不一致，则先用需要低离子强度的酶消化，然后补加盐类等物质调高反应体系的离子强度，再加第二种酶进行消化。

三、基因组 DNA 消化产物的琼脂糖凝胶电泳

1. 制备 0. 8% 凝胶：一般用于 Southern 杂交的电泳胶为 0. 8%。

2. 电泳：电泳样品中加入 6×Loading 缓冲液，混匀后上样，留一或两泳道加 DNA Marker。

1 ~ 2V/cm，DNA 从负极泳向正极。电泳至溴酚蓝指示剂接近凝胶另一端时，停止电泳。取出凝胶，紫外灯下观察电泳效果。在胶的一边放置一把刻度尺，拍摄照片。正常电泳图谱呈现一连续的涂抹带，照片摄入刻度尺是为了以后判断信号带的位置，以确定被杂交的 DNA 长度。

四、DNA 从琼脂糖凝胶转移到固相支持物

【注意事项】

转移就是将琼脂糖凝胶中的 DNA 转移到硝酸纤维膜（NC 膜）或尼龙膜上，形成固相 DNA。转移的目的是使固相 DNA 与液相的探针进行杂交。常用的转移方法有盐桥法、真空法和电转移法。这里介绍经典的盐桥法（又称为毛细管法）。

1. 试剂准备：

变性液：0.5mol/L NaOH；1.5mol/L NaCl；

中和液：1mol/L Tris-HCl（pH 7.4）；1.5mol/L NaCl；

转移液（20×SSC）：175.3g NaCl，82.2g 柠檬酸三钠，用 NaOH 将 pH 值调至 7，加 ddH_2O 定容至 1000ml。

2. 碱变性：室温下将凝胶浸入数倍体积的变性液中 30 分钟。

3. 中和：将凝胶转移到中和液 15 分钟。

4. 转移：按凝胶的大小剪裁 NC 膜或尼龙膜并剪去一角作为标记，水浸湿后，浸入转移液中 5 分钟。剪一张比膜稍宽的长条 Whatman 3mm 滤纸作为盐桥，再按凝胶的尺寸剪 3～5 张滤纸和大量的纸巾备用。按照图 2-2 顺序进行摆放。转移过程一般需要 8～24 小时，每隔数小时换掉已经湿掉的纸巾。转移液用 20×SSC。注意在膜与胶之间不能有气泡。整个操作过程中要防止膜上沾染其他污物。

5. 转移结束后取出 NC 膜，浸入 6×SSC 溶液数分钟，洗去膜上沾染的凝胶颗粒，置于两张滤纸之间，80℃ 烘 2 小时，然后将 NC 膜夹在两层滤纸间，保存于干燥处。

五、探针标记

【注意事项】

进行 Southern 杂交的探针一般用放射性物质标记或用地高辛标记。放射性标记灵敏度高，效果好；地高辛标记没有半衰期，安全性好。这里介绍放射性标记。标记后的探针可以直接使用或过柱纯化后使用。由于 α-^{32}P 的半衰期只有 14 天，所以标记好的探针应尽快使用。

探针的标记方法有随机引物法、切口平移法和末端标记法，有一些试剂盒可供选择，操作也很简单。以下为 Promega 公司随机引物试剂盒提供的标记步骤。

1. 取 25 ~50ng 模板 DNA 于 0.5ml 离心管中，100℃变性 5 分钟，立即置冰浴中。

2. 在另一个 0.5ml 离心管中按照表 2-3 加入各种成分。

表 2-3　**Southern 杂交中探针标记的反应体系**

名称	保存浓度	加样体积
Labeling 5×buffer（含有随机引物）	5×	10μl
dNTPs	0.5mmol/L/each	2μl
BSA	10mg/ml	2μl
[α-^{32}P] dATP		3μl
Klenow 酶		5U

3. 将变性模板 DNA 加入到上管中，加 ddH_2O 至 50μl，混匀。室温或 37℃反应 1 小时。

4. 加 50μl 终止缓冲液终止反应。

六、杂交

【注意事项】

Southern 杂交一般采取液-固杂交方式，即探针为液相，被杂交 DNA 为固相。杂交发生于一定条件的溶液（杂交液）中并需要一定的温度，可以用杂交瓶或杂交袋并使液体不断在膜上流动。杂交液可以自制或购买，不同的杂交液配方相差较大，杂交温度也不同。下面给出的为一杂交液配方：PEG 6000 10%；SDS 0.5%；6×SSC；50% 甲酰胺。杂交液的杂交温度为 42℃。

1. 预杂交

NC 膜浸入 2×SSC 中 5 分钟，在杂交瓶中加入杂交液（8cm×8cm 的膜加入 5ml 即可），将膜的背面贴紧杂交瓶壁，正面朝向杂交液。放入 42℃ 杂交炉中，使杂交体系升温到 42℃。取经超声粉碎的鲑鱼精 DNA（已溶解在水或 TE 中）100℃ 加热变性 5 分钟，迅速加到杂交瓶中，使其浓度达到 100μg/ml。继续杂交 4 小时。鲑鱼精 DNA 的作用是封闭 NC 膜上没有 DNA 转移的位点，降低杂交背景，提高杂交特异性。

2. 杂交

倒出预杂交的杂交液，换入等量新的已升温至 42℃ 的杂交液，同样加入变性的鲑鱼精 DNA。将探针 100℃ 加热 5 分钟，使其变性，迅速加到杂交瓶中。42℃ 杂交过夜。

七、洗膜

取出 NC 膜，在 2×SSC 溶液中漂洗 5 分钟，然后按照下列条件洗膜：

2×SSC/0.1% SDS，42℃，10 分钟；

1×SSC/0.1% SDS，42℃，10 分钟；

0.5×SSC/0.1% SDS，42℃，10 分钟；

0.2×SSC/0.1% SDS，56℃，10 分钟；

0.1×SSC/0.1% SDS，56℃，10 分钟。

【注意事项】

在洗膜的过程中，不断振摇，不断用放射性检测仪探测膜上的放射强度。实践证明，当放射强度指示数值较环境背景高 1～2 倍时，是洗膜的终止点。上述洗膜过程无论在哪一步达到终点，都必须停止洗膜。

八、检测

1. 洗完的膜浸入 2×SSC 中 2 分钟，取出膜，用滤纸吸干膜表面的水分，并用保鲜膜包裹，注意保鲜膜与 NC 膜之间不能有气泡。

2. 将膜正面向上，放入暗盒中（加双侧增感屏），在暗室的红光下，贴覆两张 X 光片，每一片都用透明胶带固定，合上暗盒，置-70℃低温冰箱中曝光。根据信号强弱决定曝光时间，一般在 1～3天时间。洗片时，先洗一张 X 光片，若感光偏弱，则再多加两天曝光时间，再洗第二张片子。目前有条件的实验室均采用自动化的磷屏成像系统，减少了洗 X 光胶片的步骤。

【注意事项】

1. 为了获得良好的转移和杂交效果，应根据 DNA 分子的大小，适当调整变性时间。对于分子量较大的 DNA 片段（大于 15kb），可在变性前用 0.2mol/L HCl 预处理 10 分钟使其脱嘌呤。

2. 转移用的 NC 膜要预先在双蒸水中浸泡使其湿透，否则会影响转膜效果；不可用手触摸 NC 膜，否则影响 DNA 的转移及与膜的结合。

3. 转移时，凝胶的四周用 Parafilm 蜡膜封严，防止在转移过程中产生短路，影响转移效率。同时，注意 NC 膜与凝胶及滤纸间不能留有气泡，以免影响转移。

4. 注意同位素的安全使用。

5. 影响 Southern 杂交实验的因素很多，主要有 DNA 纯度、酶切效率、电泳分离效果、转移效率、探针比活性和洗膜终止点等。

【思考题】

1. Southern 杂交的原理及基本步骤。

2. 影响 Southern 杂交的因素有哪些？Southern 杂交实验中有何注意事项？

第二节　转基因植株 mRNA 水平的鉴定

将外源基因转入植株中，研究者关心的是外源基因是否表达或者是否引起了自身基因或其他相关基因表达量的变化。早期，人们多使用 Northern 杂交的方法，该方法能够真实反映出目的基因在转基因植株中 mRNA 表达量的变化。随着 PCR 技术的广泛应用，越来越多的研究者采用了 RT-PCR（半定量）以及 Real-time PCR（定量）技术分析基因在植株中的表达情况。以 PCR 技术为基础鉴定基因表达的方法相对于 Northern 杂交方法更为方便快捷，但是由于 PCR 技术是将原有的模板进行一定量的扩增，造成某些情况下并不能真实反映基因的表达情况，因此各有利弊。

实验十九　Northern 杂交分析基因的表达

【实验目的】

1. 了解 Northern 杂交的原理。

2. 掌握 Northern 杂交的技术和步骤。

【实验原理】

继分析 DNA 的 Southern 杂交方法出现后，1977 年 Alwine 等人提出了一种类似的、用于分析细胞总 RNA 或含 poly A 尾的 RNA 样品中特定 mRNA 分子大小和丰度的分子杂交技术，这就是与 Southern 相对应而定名的 Northern 杂交技术。这一技术自建立以来已得到广泛应用，成为分析 mRNA 最为常用的经典方法。

与 Southern 杂交相似，Northern 杂交也采用琼脂糖凝胶电泳，将分子量大小不同的 RNA 分离开来，随后将其原位转移至固相支持物（如尼龙膜、硝酸纤维素膜等）上，再用放射性或非放射性标记的 DNA 或 RNA 探针，依据其同源性进行杂交，最后进行放射自显影（或化学显影），以目标 RNA 所在位置表示其分子量的大小，而其显影强度则可提示目标 RNA 在所测样品中的相对含量（即目标 RNA 的丰度）。但与 Southern 杂交不同的是，总 RNA 不需要进行酶切，即是以各个 RNA 分子的形式存在，可直接应用于电泳；此外，由于碱性溶液可使 RNA 水解，因此不进行碱变性，而是采用甲醛等进行变性电泳。虽然 Northern 也可检测目标 mRNA 分子的大小，但更多的是用于检测目的基因在组织细胞中有无表达及表达水平的情况。

Northern 杂交用于确定 RNA 或 poly（A）RNA 样品中某一特定 RNA 的大小和丰度，分析目的基因在植株和组织中的表达情况。

【实验材料】

拟南芥和烟草野生型植株及转基因植株。

【实验器材】

高速离心机，电泳仪，核酸凝胶电泳槽，紫外凝胶成像系统，FX 分子成像系统等。

【药品试剂】

1. 0. 5mol/L EDTA：16. 61g EDTA 加 ddH_2O 至 80ml，调 pH 值至 8，定容至 100ml。

2. 50mmol/L 醋酸钠：3. 4g 醋酸钠，加 ddH_2O 至 500ml，加 0. 5ml DEPC，37℃振荡过夜，高压灭菌。

3. 5×甲醛凝胶电泳缓冲液：10. 3g MOPS（3-（N-玛琳代）丙磺酸）加 400ml 50mmol/L 醋酸钠，用 2mol/L NaOH 调 pH 值至 7. 0，再加入 10ml 0. 5mol/L EDTA，加 DEPC H_2O 至 500ml。无菌抽滤，室温避光保存。

4. 20×SSC：175. 3g NaCl、88. 2g 柠檬酸三钠，加 ddH_2O 至 800ml，用 2mol/L NaOH 调 pH 值至 7，再用 ddH_2O 定容至 1000ml。DEPC 处理、高压灭菌。

5. 6×SSC：20×SSC 300ml 中加入 ddH_2O 至 1000ml。DEPC 处理，高压灭菌。

6. 50×Denhardt：0. 5g 聚蔗糖，0. 5g 聚乙烯吡咯烷酮，0. 5g 牛血清白蛋白（BSA），加 ddH_2O 至 50ml，无菌抽滤后分装。

7. 1mol/L Na_2HPO_4：35. 81g $Na_2HPO_4 \cdot 12H_2O$，加 dd H_2O 至 100ml。

8. 1mol/L NaH_2PO_4：15. 6g $NaH_2PO_4 \cdot 2H_2O$，加 dd H_2O 至 100ml。

9. 0. 1mol/L 磷酸钠缓冲液（pH 6. 6）：35. 2ml 1mol/L Na_2HPO_4和 64. 8ml 1mol/L NaH_2PO_4，混匀后定容到 1 L。

10. STE 缓冲液：2. 5ml 1mol/L Tris-HCl（pH 8. 0），0. 5ml 0. 5mol/L EDTA，5ml 5mol/L NaCl，加 dd H_2O 至 250ml。

11. 预杂交液：5ml 20×SSC，10ml 甲酰胺，4ml 50×Denhardt，0. 2ml 1mol/L 磷酸钠缓冲液 pH6. 6，1ml 10% SDS，总体积 20ml。

临用前加入变性鲑鱼精 DNA（10mg/ml），使终浓度为 4μl/ml。

12. DEPC-H_2O：1000ml dd H_2O 中加入 1ml DEPC，充分振荡，37℃过夜，高压灭菌。

13. 6 倍 RNA 上样缓冲液（购买商品化试剂）。

【实验方法】

一、RNA 的提取

1. 液氮研磨植物组织，将研磨好的样品加入 1ml RNA 提取试剂，室温下放置 5 分钟。

2. 加入 0.2ml 氯仿，剧烈振荡 15 秒。

3. 室温放置 2～3 分钟，12000r/min，4℃，离心 15 分钟。

4. 上清液转移到另一离心管中，加入 0.5ml 异丙醇室温沉淀 RNA 10 分钟。

5. 12000r/min，4℃，离心 10 分钟。

6. 用 70% 乙醇洗涤沉淀，室温干燥。

7. 沉淀溶于 DEPC-H_2O。

目前在实验中多采用 TRIzol 试剂提取 RNA，可采用下列步骤提取 RNA。

1. 100mg 植物组织在液氮中研磨充分。

2. 加入 600μl TRIzol 试剂，反复颠倒混匀。

3. 将离心管置于冰上，当所有的样品都研磨之后，在每个离心管中加入 400μl TRIzol 试剂，并混匀。

4. 上述混合物在室温放置 5 分钟。

5. 加入 0.2ml 氯仿，振荡混匀 15 秒。

6. 将离心管在室温放置 2～3 分钟，4℃，12000r/min 条件下离心 15 分钟。

7. 将上层溶液转移到新的离心管中，加入 250μl 异丙醇和

250μl 高盐沉淀试剂（0.8mol/L 醋酸钠、1.2mol/L NaCl）混合均匀后室温放置 10 分钟进行沉淀。

8. 移走上清液，并用 70% 乙醇清洗 RNA 沉淀一次。

9. 室温干燥或者真空干燥 RNA 沉淀；然后，将 RNA 沉淀溶解在无 RNase 的水中，并保存在-70℃。

二、变性胶的制备

取 0.2g 琼脂糖，加入 12.4ml DEPC-H_2O，加热熔化，于保温状态下加入 4ml 5×甲醛凝胶电泳缓冲液、3.6ml 37% 甲醛，混匀、制胶。待胶凝固后，置 1×甲醛凝胶电泳缓冲液中预电泳 5 分钟。

三、样品制备

取 5μl 总 RNA（20～30μg），加入 1μl EB（1μg/μl）和 1μl 6 倍上样缓冲液，65℃温育 15 分钟、冰浴 5 分钟。

四、电泳

1. 上样。

2. 50V 电泳，电泳时间约 2 小时。

3. 电泳结束后将胶块置紫外灯下观察 RNA 的完整性，记录 18S、28S 条带的位置（离加样孔的距离）。

五、将 RNA 从变性胶转移到硝酸纤维素膜或尼龙膜

1. 按胶块大小剪取膜一张，用 DEPC 水中浸湿后，置于 20×SSC 中浸泡 1 小时。剪去膜一角以便标记样品方位。

2. 将胶块切去一角（标记样品方位），并在 20×SSC 浸泡 2 次，每次 15 分钟。

3. 用长和宽均大于凝胶的一块有机玻璃板作为平台，将其放入大的干烤皿上，上面放一张 Whatman 3 MM 滤纸，倒入 20×SSC 使液面略低于平台表面，当平台上方的 3MM 滤纸湿透后，用玻棒赶出所有气泡。

4. 将凝胶翻转后置于平台上湿润的 3 MM 滤纸中央，3 MM 滤纸和凝胶之间不能滞留气泡。

5. 用 Parafilm 膜围绕凝胶四周，以此作为屏障，阻止液体自液池直接流至胶上方的纸巾。

6. 在凝胶上方放置预先已浸湿的尼龙膜，排除膜与凝胶之间的气泡。

7. 将两张已湿润的、与凝胶大小相同的 3 MM 滤纸置于膜的上方，排除滤纸与滤膜之间的气泡。

8. 将一叠（5 ~ 8cm 厚）略小于 3 MM 滤纸的纸巾置于 3 MM 滤纸的上方，并在纸巾上方放一块玻璃，然后用一个重约 500g 的重物压在玻璃板上。其目的是建立液体自液池经凝胶向膜上行流路，以洗脱凝胶中的 RNA 并使其聚集在膜上。

9. 使上述 RNA 转移持续进行 15 小时左右。在转膜过程中，当纸巾浸湿后，应更换新的纸巾。转移结束后，揭去凝胶上方的纸巾和 3 MM 滤纸。将膜在 6×SSC 中浸泡 5 分钟，以去除膜上残留的凝胶。将凝胶置紫外灯下，观察胶块上有无残留的 RNA。

六、烤膜（交联）

1. 将膜置于 80℃，真空干烤 1 ~ 2 小时。该步骤也可以在交联仪上进行。

2. 烤干后的膜用塑料袋密封，4℃保存备用。

七、探针标记（Prime-a-Gene Labeling System，Promega 公司）

1. 取模板 DNA 25 ng 于 0. 5ml 离心管中，95 ~ 100℃变性 5 分钟，冰浴 5 分钟。

2. dNTP 混合物的制备：取 dGTP 1μl、dATP 1μl、dTTP 1μl 混匀。

3. 将下列反应成分按照表 2-4 所示混合，加入上述微量离心管中。

表 2-4　　**Northern 杂交中探针标记的反应体系**

名称	保存浓度	加样体积
5×Labeling buffer（含有随机引物）	5×	10μl
dNTPs	0.5mmol/L/each	2μl
BSA	10mg/ml	2μl
[α-^{32}P] dCTP		5μl
Klenow 酶	5U/μl	1μl

加入适量 dd H_2O 使反应总体积达 50μl，轻轻混匀。室温下反应 1 小时。

八、预杂交

将膜的反面紧贴杂交瓶，加入预杂交液 5ml，42℃ 预杂交 3 小时。

九、杂交

1. 探针变性：95～100℃变性 5 分钟，冰浴 5 分钟。

2. 将变性后的探针加入到预杂交液中，42℃ 杂交 16 小时。

十、洗膜

1. 倾去杂交液。

2. 2×SSC/0.1% SDS 室温洗 15 分钟。

3. 0.2×SSC/0.1% SDS，55℃ 洗 2 次，每次 15 分钟。

十一、压片（该步骤目前可以使用磷屏成像系统直接获得实验结果）

1. 将膜用 dd H_2O 漂洗片刻，用滤纸吸去膜上水分。用薄型塑料纸将膜包好置于暗盒中，在暗室中压上 X 光片。

2. 暗盒置-70℃放射自显影 3～7 天。

【注意事项】

1. 操作时必须仔细小心，严格按同位素操作规程进行，以防止同位素污染。

2. 必要时可采用 Sephades G-50 柱层析法纯化标记的探针，以去除标记反应中未结合的（游离的）核苷酸。

3. 膜的重复使用：结合了待测 RNA 的膜与探针杂交后，可经碱或热变性方法将探针洗脱，膜可反复使用与其他探针杂交。方法如下：杂交的膜（杂交过的膜在保存过程中不能干燥，否则探针将会与膜形成不可逆的结合）置于 100℃，0.5% SDS 中煮沸 3 分钟，自然冷却至室温后，将膜放入双蒸水中漂洗 2～3 遍。取出膜，用滤纸吸去膜表面的水分。将膜直接进行另一种探针的杂交或用保鲜膜包好，室温下真空保存。

【思考题】

1. Northern 杂交的原理和基本操作步骤。

2. Northern 杂交中应注意哪些事项。

实验二十　RT-PCR 方法分析基因的表达

【实验目的】

1. 学习和掌握 RT-PCR 的原理。

2. 学会利用 RT-PCR 方法设计实验并分析目的基因在植物组织中的表达。

【实验原理】

RT-PCR（reverse transcriptase PCR）是将 RNA 的反转录（RT）和 cDNA 的聚合酶链式扩增（PCR）相结合的技术。首先在反转录酶的作用下，从 RNA 合成 cDNA，再以 cDNA 为模板，扩增合成目的片段（图 2-3）。RT-PCR 技术灵敏而且用途广泛，可用于检测细胞中基因的表达水平、细胞中 RNA 病毒的含量和直接克隆特定基因的 cDNA 序列。作为模板的 RNA 可以是总 RNA、mRNA 或体外转录的 RNA 产物。RT-PCR 技术的关键是确保 RNA 模板中无 RNA 酶和基因组 DNA 的污染。

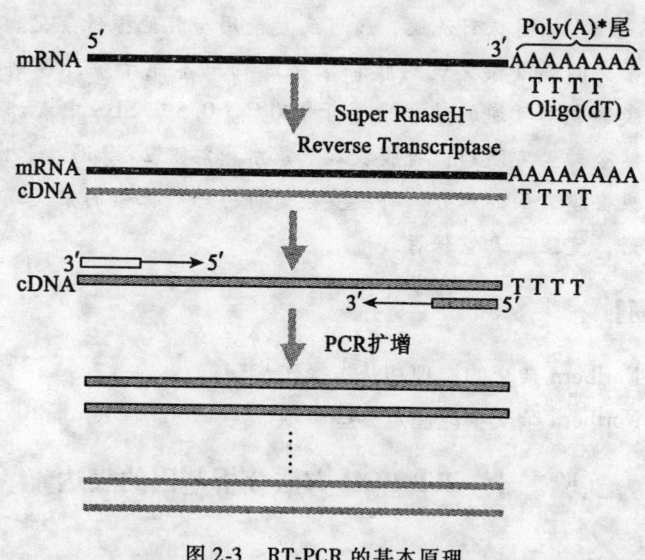

图 2-3　RT-PCR 的基本原理

【实验材料】

拟南芥突变体和野生型 4 ~5 周龄植株。

【实验器材】

液氮罐，台式离心机，PCR 仪，DNA 电泳装置等。

【药品试剂】

Taq 酶；dNTP；oligo（dT）（0.05μg/μl）；逆转录酶（AMV reverse transcriptase）；RNasin；DEPC；植物 RNA 提取试剂盒（TIANGEN 公司）、基因特异性引物等。

【实验方法】

操作参照《拟南芥实验手册》（Weigel and Glazebrook，2004）。

一、RNA 的提取

【注意事项】

在这里介绍的是试剂公司提供的一种利用试剂盒提取 RNA 的操作方法。需要注明的是各个公司由于在制备试剂盒的时候采用的是不同的试剂组合，所以在操作方法上各有不同，在操作时一定要参照公司试剂盒上的详细说明。

1. 取材和匀浆：50～100mg 植物叶片在液氮中迅速研磨成粉末，加入 450μl 裂解液 RL，振荡混匀。

2. 将所有溶液转移至过滤柱 CS 上（将过滤柱放在收集管中），12000r/min 离心 5 分钟，小心吸取收集管中的上清液至 RNAase-free 的离心管中，吸头尽量避免接触收集管中的细胞碎片沉淀。

3. 缓慢加入 0.5 倍上清液体积的无水乙醇，混匀后将混合液转入吸附柱 CR3 中，12000r/min 离心 1 分钟，倒掉收集管中的废液，将吸附柱 CR3 放回收集管中。

4. 向吸附柱中加入 350μl 去蛋白液 RW1，12000r/min 离心 1 分钟，倒掉收集管中的废液，将吸附柱放回收集管中。

5. 向吸附柱中加入 80μl DNase I 工作液，室温放置 15 分钟。

6. 向吸附柱中加入 350μl 去蛋白液 RW1，12000r/min 离心 1 分钟，倒掉收集管中的废液，将吸附柱放回收集管中。

7. 向吸附柱中加入500μl漂洗液RW（使用前加入乙醇），室温静置2分钟，12000r/min离心1分钟，倒掉收集管中的废液，将吸附柱放回收集管中。

8. 重复上述步骤7。

9. 12000r/min离心2分钟，倒掉废液。将吸附柱置于室温放置数分钟，以彻底晾干吸附柱中残余的漂洗液。

10. 将吸附柱放入一个新的RNase-free离心管中，向吸附柱中加入30～100μl无RNase污染的ddH_2O（DEPC-H_2O），室温放置2分钟，12000r/min离心2分钟，得到RNA溶液。样品保持在-70℃。

二、cDNA的合成

1. oligo（dT）500 ng，RNA 1μg，加入DEPC-H_2O，使得终体积为10μl。

2. 将上述混合物在70℃加热5分钟。

3. 室温缓慢冷却混合物，大约30分钟，然后将混合物置于冰上。

4. 按照下列次序在上述混合物中加入表2-5所示试剂。

表2-5 **cDNA合成的反应体系**

名称	保存浓度	加样体积
$MgCl_2$	25mmol/L	4μl
10×缓冲液	10×	2μl
dNTPs	2.5mmol/L/each	2μl
RNasin	40U/μl	0.5μl
AMV RT酶	20U/μl	0.75μl
DEPC-H_2O		0.75μl

混合均匀后，在42℃保温1小时。

5. 反应后将反应物置于冰上终止反应。然后，在 70℃ 保温 10 分钟，灭活逆转录酶活性。样品保存在-20℃。

【注意事项】

1. RT-PCR 所遇到的一个潜在的困难是 RNA 中沾染的基因组 DNA。使用较好的 RNA 分离方法，如 Trizol Reagent，会减少 RNA 制备物中沾染的基因组 DNA。为了避免产生基因组 DNA 的产物，可以在逆转录之前使用扩增级的 DNase Ⅰ 对 RNA 进行处理以除去沾染的 DNA。将样品在 2.0 mmol/L EDTA 中 65℃ 保温 10 分钟以终止 DNase Ⅰ 消化。EDTA 可以螯合镁离子，防止高温时所发生的依赖于镁离子的 RNA 水解。

2. 为了将扩增的 cDNA 同沾染的基因组 DNA 扩增产物分开，可以设计来自不同外显子的引物。来源于 cDNA 的 PCR 产物会比来源于沾染了基因组 DNA 的产物短。另外，对每个 RNA 模板进行一个无逆转录的对照实验，以确定一个目标片段是来自基因组 DNA 还是 cDNA。在无逆转录时所得到的 PCR 产物来源于基因组。

三、PCR 扩增

1. 50μl PCR 体系的组成（表 2-6）。

表 2-6　**RT-PCR 反应中的 PCR 扩增体系**

名称	保存浓度	加样体积
DEPC 处理水		36.7μl
10×缓冲液	10×	5μl
$MgCl_2$	25mmol/L	3μl
dNTPs	2.5mmol/L/each	1μl

续表

名称	保存浓度	加样体积
sense primer	2mmol/L	1μl
antisense primer	2mmol/L	1μl
cDNA		1.5μl
Taq 酶	5U/μl	0.8μl

PCR 反应条件：

Step1：94℃　　5 分钟

Step2：94℃　　1 分钟

Step3：退火温度　　40 秒

Step4 72℃　　50 秒

29 个循环

72℃　　10 分钟

2. RT-PCR 中的对照：在 RT-PCR 中经常使用在不同组织以及不同发育时间段中表达稳定并且均一的基因作为对照。经常使用的有 *UBQ*10。

检测 *UBQ*10 的表达使用的引物序列如下：

UBQ1：GATCTTTGCCGGAAAACAATTGGAGGATGGT

UBQ2：CGACTTGTCATTAGAAAGAAAGAGATAACAGG

【注意事项】

上述引物是根据拟南芥 Columbia 生态型设计的，扩增后的基因片段大小为 483bp。在 Landsberg 生态型的拟南芥中可能会扩增出 2~3 条带。如果扩增产物大于 483bp，说明在 cDNA 中混有基因组 DNA，需要在 PCR 反应之前用 Dnase I 处理。

四、电泳检测

将 PCR 产物取 5μl 混合 DNA 上样缓冲液后，置于琼脂糖凝胶上并电泳。通过亮度的比较分析基因表达量的差异。

【注意事项】

上样时注意每种样品的上样量是一致的。同时，在准备含有EB的DNA琼脂糖凝胶的过程中注意凝胶要均匀，EB在凝胶中的分布也要均匀，以便减小误差。

【思考题】

1. 简述RT-PCR的原理。
2. RT-PCR过程中有哪些注意事项？
3. 简述如何增加RT-PCR过程中的特异性。

实验二十一　Real-time PCR方法分析基因的表达

【实验目的】

1. 掌握荧光定量PCR的原理及其应用。
2. 学会用荧光定量PCR的方法分析目的基因在植物器官和组织中的表达。

【实验原理】

实时荧光定量PCR（real-time PCR）技术是一种在PCR反应体系中加入荧光基团，随着PCR反应的进行，PCR反应产物不断累计，荧光信号强度也等比例增加；每经过一个循环，收集一个荧光强度信号，通过荧光强度变化监测产物量的变化，从而得到一条荧光扩增曲线，最后通过标准曲线对未知模板进行定量分析的方法。该技术不仅能够实现对模板的定量分析而且具有灵敏度高、特异性和可靠性强、能实现多重反应、自动化程度高、无污染性、实时性和准确性等特点。

定量PCR技术在1992年Higuchi等人第一次报道，他们使用EB加入PCR反应体系，然后用经改装的带有冷CCD的PCR仪检测样品的荧光强度。后来用与双链DNA有更强结合力的SYBR Green I取代EB融合荧光探针杂交技术，提高PCR的灵敏度、特异性和准确性。图2-4中是定量PCR反应的扩增曲线图，其中横坐标是扩增循环数，纵坐标是荧光强度。在定量PCR仪中每个循环进行一次荧光信号的收集。

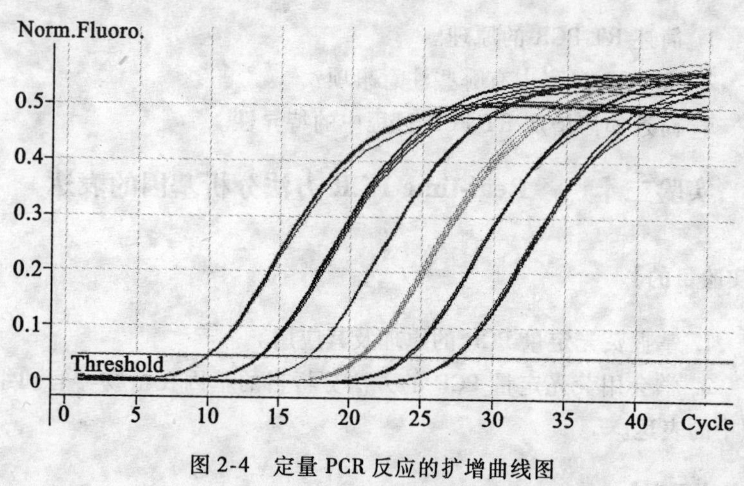

图2-4　定量PCR反应的扩增曲线图

一般而言，荧光扩增曲线可分成三个阶段：荧光背景信号阶段（baseline region），荧光信号指数扩增阶段（geometric phase）和平台期（platform stage）。在荧光背景信号阶段，扩增的荧光信号被荧光背景信号所掩盖，我们无法判断产物量的变化。而在平台期，扩增产物已不再呈指数级增加。PCR的终产物量与起始模板量之间没有线性关系，所以根据最终的PCR产物量不能计算出起始DNA拷贝数。只有在荧光信号指数扩增阶段，PCR产物量的对数值与起始模板量之间存在线性关系，因此选择在这个阶段进行定量分析。

在实时荧光定量 PCR 技术中有两个非常重要的概念：荧光阈值和 CT 值。荧光阈值是在荧光扩增曲线上人为设定的一个值，它可以设定在荧光信号指数扩增阶段任意位置上，但一般我们将荧光阈值的缺省设置是 3 ~ 15 个循环的荧光信号的标准偏差的 10 倍。每个反应管内的荧光信号到达设定的阈值时所经历的循环数被称为 Ct 值（threshold cycle）。Ct 值与起始模板的关系研究表明，每个模板的 Ct 值与该模板的起始拷贝数的对数存在线性关系，起始拷贝数越多，Ct 值越小。利用已知起始拷贝数的标准品可作出标准曲线，其中横坐标代表起始拷贝数的对数，纵坐标代表 Ct 值。因此，只要获得未知样品的 Ct 值，即可从标准曲线上计算出该样品的起始拷贝数。

图 2-5 中 Baseline 粗线是背景曲线的一段，范围从反应开始不久荧光值开始变得稳定，直到所有反应管的荧光都将要（但还未）

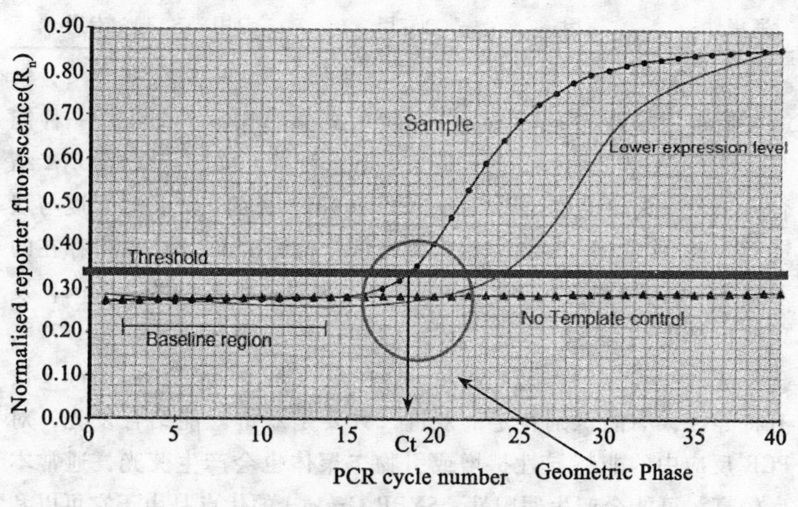

图 2-5　定量 PCR 的反应曲线

超出背景。Ct 是临界循环数，为 threshold 横线与扩增曲线相交，所得交点对应的循环数。Threshold 代表荧光超过本底，达到可检测水平时的临界数值。

荧光定量 PCR 过程的监测检测模式有以下几种，SYBR Green I 检测模式、水解探针模式（Taqman 模式）、杂交探针模式（Beacon 或 FRET）。几种模式的比较见表 2-7。

表 2-7　**定量 PCR 的监测和检测模式**

项目	SYBR Green	FRET	Taqman	分子信号标记
性质	可逆荧光	可逆荧光	积累荧光	积累荧光
熔点分析	能	能	不能	不能
特异性	引物（非特异性扩增或引物二聚体有影响）	引物+2 个探针	引物+探针	引物+探针
探针	不需要	需要	需要	需要
通用性	通用	专用	专用	专用

最常用的是 SYBR Green I 检测模式。SYBR Green I 是一种能与双链 DNA 结合而发光的荧光染料。这种荧光染料与双链 DNA 结合后，荧光大幅度增强。因此，SYBR Green I 的荧光信号强度与双链 DNA 的数量相关，可以根据荧光信号检测出 PCR 体系中存在的双链 DNA 的数量。SYBR Green I 的最大吸收波长约为 497nm，发射波长最大约为 520nm。PCR 扩增程序一般为 94℃—55℃—72℃ 三步法，40 个循环。SYBR Green I 的缺点是由于 SYBR Green I 没有特异性，不能识别特定的双链，只要是双链就能结合发光，对 PCR 反应中的非特异性扩增或引物二聚体也会产生荧光，通常本底较高，可能会产生假阳性。SYBR Green I 的优点是由于它可以和所有的双链 DNA 结合，所以对于不同模板不需要特别定制不同的

特异性探针，通用性较好，并且价格较低，因此在科研上使用较为普遍。

目前，实时荧光 PCR 技术已经被广泛应用于基础科学研究、临床诊断、疾病研究及药物研发等领域。其中最主要的应用集中在以下几个方面：①基础研究中基因表达丰度、基因型和基因表达调控的研究；②临床医疗领域病原体的检测和基因诊断；③环境监测，包括水质、空气的污染检验；④检疫工作、食品卫生检验、转基因作物的检验；⑤法医的遗传学鉴定；⑥新药的开发和研究。

【实验器材】

荧光定量 PCR 仪，DNA 电泳装置等。

【药品试剂】

SYBR Green I、Taq PCR 试剂盒、RNA 提取试剂盒、逆转录 PCR 试剂盒、特异引物等。

【实验方法】

植物总 RNA 的提取和逆转录：见第二部分第二节实验二十“RT-PCR 方法分析基因的表达”中的步骤。

荧光定量 PCR：参照《拟南芥实验手册》（Weigel and Glazebrook，2004）。

1. 20μl 反应体系中加入下述试剂：0.5μl SYBR Green I、1μl 逆转录产物、2×Hoststar PCR 混合物（100mmol/L Tris，pH8.3，500mmol/L KCl，15mmol/L $MgCl_2$，2.5mmol/L dNTPs，1U Hoststar Taq DNA 聚合酶）和引物。

【注意事项】

1. 扩增子的长度应不超过 400bp，理想的最好能在 100～

150bp。

2. 长度在18~25bp之间，Tm值在58~60℃，GC含量30%~80%。

3. 引物末端（最后5个核苷酸）不能有超过2个的G或C。

2. 扩增

95℃　2分钟

94℃　10秒

54℃　10秒

72℃　30秒

40个循环，在低于溶解温度1℃时检测荧光。

3. 溶解曲线分析

94℃　1分钟

60℃　1分钟

0.1℃/秒升温到92℃，连续监测荧光。

【注意事项】

PCR过程中可控制温度缓慢升高，此时双链DNA解链成为单链DNA，SYBR Green I被释放，荧光信号减弱。以荧光信号强度对温度作图，即为熔解曲线。对熔解曲线求一阶导数，峰值代表斜率改变最大值，即T_m。T_m值是50% DNA变成单链时的温度，此温度与双链DNA的长度、GC含量有关，可部分代表序列的特异性。

4. 对扩增产物进行琼脂糖凝胶电泳分析特异性

5. 数据的处理和结果分析

【注意事项】

简单地说，看家基因就是发育过程中任何时间、任何器官都高度表达的基因。其基因表达产物通常是对生命过程必需的或必不可少的，且较少受环境因素的影响，因此相对而言，其表达量较为恒定。适合用来做归一化比较。在研究基因表达时，往往需要在RNA水平上检测基因表达的变化，用定量PCR这种技术，使用的模板是DNA，RNA先被反转录成cDNA，然后再以cDNA为模板进行定量PCR。在这个过程中，反转录的效率和模板的取量存在变化，这就需要进行归一化处理。看家基因的种类包括β-actin、16S RNA或18S RNA等。有些看家基因的表达并不是恒定的，需要选择适合的看家基因作为内参。

6. 常见问题

（1）重复样品Ct值差别大，扩增效率不一致——温度均一性问题。

（2）扩增低拷贝重复性差——温度均一性问题。

（3）准确性不佳，难以区别单倍差异拷贝数——温度均一性问题。

（4）校正系统误差——光路系统问题，造成光谱重叠，导致检测不准确。

【思考题】

1. 简述荧光定量PCR的原理和应用。
2. 试设计实验分析植物中某种基因在不同组织中的表达情况。

实验二十二　mRNA原位杂交技术

【实验目的】

1. 掌握植物mRNA原位杂交技术的原理和基本操作步骤。
2. 初步掌握独立设计实验中所用的探针，学习并完成杂交实验。

【实验原理】

原位杂交（in situ hybridization）是一种在细胞水平上研究基因表达调控的最有效的分子生物学技术。这一技术最初应用于动物染色体上的基因物理定位和特定 mRNA 在组织中的空间定位，后来又作为诊断工具检测感染病毒的细胞。20 世纪 80 年代后期，原位杂交技术开始应用于植物基因表达调控的研究。RNA 原位杂交是用同位素标记或非同位素标记的双链 DNA 或单链反义 RNA 探针对组织切片或装片的不同细胞中基因产物 mRNA 或 rRNA 进行原位定位。分布于细胞中的 mRNA 与反义 RNA 探针互补而杂交产生双链的 RNA。标记在反义链上的同位素经放射自显影、非同位素经酶促免疫显色或免疫荧光反应，均可显示 mRNA 在植物组织细胞中的分布位置。用标记的有义 RNA 作探针，由于与细胞内的 mRNA不互补而不能杂交，可以作为对照。

RNA 原位杂交的操作流程为（以组织切片和 DIG 标记 RNA 探针为例）：材料固定与包埋→制片→质粒 DNA 线性化→DIG 标记的体外转录→预杂交→杂交→杂交后处理→免疫反应→显色反应→封片观察。

RNA 原位杂交技术从一开始就主要用于特异基因表达的空间定位，不但用于正常植物各个器官组织发育而且用于体外培养器官发育的基因表达定位。非特异表达基因虽然没有器官组织的表达特异性，但在植物发育过程中的不同阶段有着表达量的时空差异。RNA 原位杂交技术也用于非特异基因的表达定位。当前，RNA 原位杂交技术应用最广泛的方面是结合其他技术对分离的基因进行分析。在结合 RNA 原位杂交技术分析分离基因的功能方面已积累了相当丰富的资料。RNA 原位杂交技术还可以用于外源基因在转基因植物中的定位以及外源刺激引起的基因表达定位。

RNA 原位杂交技术能够确定细胞甚至亚细胞水平的基因表达

的时空特征，对于植物生长代谢、成花过程、受精与胚胎发生等生命活动中的基因表达调控机制提供直接的资料。RNA 原位杂交技术还能与其他分子生物学技术、显微操作技术、免疫学技术等结合深入研究基因的结构、功能和表达的调控机制。RNA-RNA 原位杂交技术以其 RNA 探针的标记效率高、通透性强、结合稳定、杂交信号强等优势，已被广泛应用于植物和动物组织的基因时空表达研究。

【实验材料】

水稻不同组织和器官。

【实验器材】

恒温培养箱，石蜡切片机，烘箱，低温冷冻离心机，水浴锅，镊子，载玻片，盖玻片，显微镜等。

【药品试剂】

具体见实验方法部分。

【注意事项】

在操作过程应尽量避免 RNase 污染，耐高温器皿 180℃ 烘烤 8 小时以上，其他器皿用氯仿冲洗，溶液用 0.1% 焦碳酸二乙酯（DEPC）处理或 DEPC-H_2O（DEPC 处理过的蒸馏水）配制，DEPC 是一种 RNAase 强烈抑制剂。

【实验方法】

一、组织材料的固定

水稻（*Oryza sativa L.*）组织用4% 多聚甲醛固定，常规酒精系列脱水与石蜡切片，切片厚度约为 10 μm。

二、载玻片的处理

将洁净的载玻片放在 10mmol/L 的 Tris-HCl（pH8）配制的 100μg/ml 多聚赖氨酸（Sigma）溶液中浸泡 30 分钟以上，取出后自然晾干备用。

三、材料的固定、脱水、包埋与切片

参考 Lin 等（1986）和 Cheng 等（1996）的方法。所用水稻（*Oryza sativa L.*）材料为粳稻品种 IR62266。取 7 日龄水稻幼苗的根、三叶期幼苗的叶、拔节期幼苗的茎及开花前后植株的花药和雌蕊，于 1×PBS（0.135mol/L NaCl，2.7mmol/L KCl，1.5mmol/L KH_2PO_4，8mmol/L Na_2HPO_4，pH 7.4）配制的 4% 多聚甲醛中 4℃ 下固定过夜。为了确定不同发育时期的花药中小孢子母细胞及花粉的发育时期，将取材的每个水稻颖花取出一个花药压片镜检确定时期，对于难以确定的二细胞和三细胞花粉可以用 DAPI 染色鉴定时期。材料固定后，用 PBS 洗 3 次，每次 10 分钟。叔丁醇七步系列脱水（Tanimoto 和 Rost，1993），每一级 10～12 小时。最后一级脱水后将材料转入新的 100% 叔丁醇中，于 58～60℃ 烘箱中逐渐加入碎石蜡（paraplast plus，Sigma）开始浸蜡，3～4 小时加入 1 次，开始加入的量少些，为叔丁醇总体积的 5%～10%。浸蜡约 2 天后将材料转入 100% 石蜡进行包埋。石蜡块修块后用切片机切成厚度为 8～10μm 的连续切片；将切片粘片于预涂过多聚赖氨酸的载玻片上，45℃ 烘干 12 小时以上，备用。

四、探针的制备

1. 质粒 DNA 线性化

①在离心管中加入表 2-8 中的成分。限制性内切酶的选择需要根据构建在载体上的基因序列决定，这里以 *Sac* I 为例。

表 2-8　　质粒 DNA 线性化反应体系

名称	保存浓度	加样体积
ddH_2O		补足体积到 100μl
10×缓冲液	10×	10μl
质粒 DNA		10μg
限制性内切酶 *Sac* I	10U/μl	2μl

②37℃保温 2 小时以上。

③消化液用酚∶氯仿（1∶1）抽提，12000r/min，4℃，离心 5 分钟。

④上清液用 0.1 倍体积 3mol/L 乙酸钠（pH 5.2）和 2 倍体积乙醇沉淀过夜。

⑤12000r/min，4℃离心 20 分钟。

⑥沉淀用 70% 乙醇洗涤 1 次，真空干燥。

⑦将线性化质粒按 1μg/μl 重悬于 DEPC-H_2O 中，-20℃以下保存；取 2μl 点样电泳，检测线性化纯度。

2. 地高辛标记的体外转录

①在冰上按顺序加入表 2-9 中所示样品和试剂。

表 2-9　　地高辛标记的体外转录

名称	保存浓度	加样体积
DEPC-H_2O		18μl
线性化质粒 DNA		1μg
10×缓冲液	10×	10μl
NTP 标记混合物		2μl
RNase 抑制剂	20U/μl	1μl
T3 或 T7 RNA 多聚酶	20 U/μl	2μl

②轻轻混匀和离心后，37℃保温2小时。

③加入2μl无RNase的DNase I，37℃保温15分钟。

④加入2μl 0.2mol/L EDTA终止反应。

⑤加入2.5μl 4mol/L LiCl和75μl冰冷的100%乙醇，沉淀过夜。

⑥12000r/min，4℃离心15分钟。

⑦用70%冷乙醇清洗，真空干燥。

⑧根据沉淀物的多少（一般为6～10μg），重悬于30～50μl DEPC-H_2O中，并加入20 U RNase抑制剂，-20℃保存。

五、预杂交

1. 将已粘片的石蜡切片在二甲苯中脱蜡30分钟。

2. 在二甲苯：乙醇（1：1）、100%乙醇、95%乙醇、70%乙醇、30%乙醇和DEPC-H_2O中复水，每级2～5分钟。

3. 在0.2mol/L HCl中浸20分钟。

4. 在2×SSPE中洗2次，DEPC-H_2O中洗2次，每次5分钟。

5. 在含有1%牛血清白蛋白的10mmol/L Tris-HCl（pH 8）中浸10分钟。

6. DEPC-H_2O中洗2次，每次5分钟。

7. 经30%，70%，95%，100%乙醇系列脱水，每次2～5分钟，室温晾干。

六、杂交

1. 杂交缓冲液和探针体积计算

①地高辛标记的转录物体积TV（μl）=0.5μl/片×（片数+1）

②杂交液的终体积FV（μl）=（片数+1）×100μl/片

③转录物稀释液体积DB（μl）=（0.2×FV）-TV

④杂交缓冲液体积HB（μl）=0.8×FV

2. 溶液配制

①转录物稀释液：50%甲酰胺

10mmol/L 二硫苏糖醇（DTT）
用 DEPC-H_2O 定容

②10×盐：　3mol/L NaCl
0.1mol/L Tris-HCl（pH 6.8）
0.1mol/L Na_2HPO_4（pH 6.8）
50mmol/L EDTA
溶于 DEPC-H_2O

③杂交缓冲液（表2-10）：

表2-10　**杂交缓冲液配方（每1ml）**

名称	保存浓度	加样体积
DEPC-H_2O		27.5μl
10×盐	10×	125μl
甲酰胺		500μl
葡聚糖硫酸酯	50%	250μl
酵母 tRNA	50mmol/L	15μl
DTT	25μmol/L	10μl
酵母 RNA	10mg/ml	62.5μl

④ 20×SSPE：（每100ml）17.53g NaCl，2.76g $NaH_2PO4 \cdot H_2O$，0.74g EDTA，10mol/L NaOH 调至 pH7.4，115℃高压灭菌 15 分钟。

⑤20×SSC：（每100ml）17.53g NaCl，8.82g 柠檬酸钠，10mol/L NaOH 调至 pH 7，115℃高压灭菌 15 分钟。

⑥磷酸缓冲液 PBS：（每1000ml）8g NaCl，0.2g KCl，1.44g NaH_2PO_4，0.24g KH_2PO_4，调至 pH7.4，115℃高压灭菌 15 分钟。

3. 杂交

①将转录物用稀释液稀释。

②70℃加热5分钟，再加入杂交缓冲液。

③每玻片上加杂交液100μl，轻轻盖上经180℃烘烤8小时以上的盖玻片。

④在湿盒中60℃保温过夜（12～16小时）。

4. 杂交后处理

①让盖玻片在2×SSC中自由滑落，室温浸泡15分钟。

②转入另一2×SSC中浸泡15分钟。

③1×SSC中15分钟。

④0.5×SSC中15分钟。

七、免疫反应

1. 在缓冲液I（100mmol/L Tris-HCl，150mmol/L NaCl，pH 7.5）中5分钟。

2. 每片滴加约500μl含2%正常兔血清，0.3% Triton X-100的缓冲液I，室温放置30分钟，作封阻反应。

3. 将anti-DIG-AP按1∶500的比例用含1%正常兔血清，0.15% Triton X-100的缓冲液稀释。

4. 倒掉封阻液，每片滴加100μl稀释的anti-DIG-AP，室温条件下，在湿盒中放置2～4小时。

八、显色反应

1. 玻片在缓冲液I中浸2次，每次15分钟。

2. 缓冲液Ⅱ（100mmol/L Tris-HCl，100mmol/L NaCl，50mmol/L $MgCl_2$，pH 9.5）中5分钟。

3. 将10%聚乙烯醇（PVA）90℃溶于100mmol/L Tris-HCl（pH 9.5），100mmol/L NaCl中，冷却至室温后，每ml PVA溶液中加50μl 1mol/L $MgCl_2$，5μl氮蓝四唑（NBT），3.75μl 5-溴-4-氯-3-吲哚磷酸（BCIP）配成显色液。

4. 每片滴加200μl显色液，置湿盒中37℃黑暗处显色6～12小时。

九、封片观察

1. 将载玻片转入缓冲液Ⅲ（10mmol/L Tris-HCl，1mmol/L EDTA，pH 8）中，浸5分钟，终止反应。

2. 另一缓冲液Ⅲ中浸5分钟。

3. 经30%、75%、95%、100%乙醇、二甲苯：乙醇（1：1）和二甲苯系列脱水透明，用阿拉伯树胶封片。

4. 显微观察组织细胞中有蓝色沉淀物为阳性反应。图2-6显示的是某个基因在烟草花发育不同时期的表达情况。

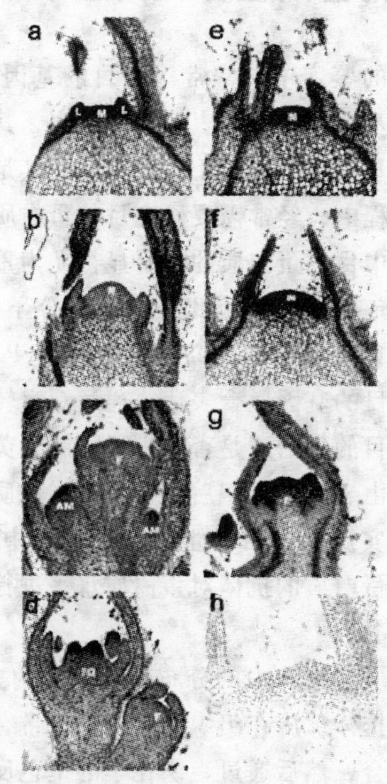

图2-6　某个基因在烟草花发育不同时期的表达情况（Hua etal.，2004）

【思考题】

1. mRNA 原位杂交中需要注意的事项有哪些？

2. 在预杂交中，HCl 和 BSA 等试剂的功能是什么？为什么要进行预杂交的工作？

3. 如何避免实验中的假阳性现象？

4. 如何选择合适的探针？

第三节　转基因植株蛋白质水平的鉴定

在转基因植株的鉴定中，常常检测目的基因编码的蛋白质水平。一些基因在转基因植株中的表达并不稳定，其表达产物被降解或者被修饰，导致基因功能不能正常发挥。尤其是近年来对于泛素降解系统的研究过程中，经常需要研究目的蛋白质在植株中的稳定性，使得检测植株中目的蛋白质的水平显得尤为重要。常用的方法有经典方法 Western 杂交方法。此外，随着分子生物学技术的发展，荧光标记技术日渐成熟，研究者常常将 GFP 或者是其他一些荧光蛋白的基因与目的基因融合表达，通过观察转基因植株中融合表达蛋白量来判断目的蛋白质是否发生了降解。荧光标记的方法虽然操作简单，但是由于某些标记后的蛋白质在性质上可能发生了改变，所以并不能真实反映出目的蛋白质在植株中的情况。Western 杂交是直接用目的蛋白质的抗体对蛋白质水平进行分析，实验结果更加接近于真实情况。

研究目的蛋白质在植株中的分布经常采用的方法是免疫定位。该种方法利用抗原抗体反应在组织细胞原位将带有显色剂标记的特异性抗体与抗原结合，然后通过组织化学的呈色反应，对相应抗原进行定性、定位和定量测定。只要是能够制备出抗体的物质均可以利用免疫定位的方法对其分布和含量进行分析，除了蛋白质外，植物体内激素水平也常用该方法进行分析。

免疫定位方法能研究蛋白质在组织中的定位，而研究蛋白质在细胞中的定位常采用的方法是 GFP 标记的方法。在该方法中，可以采用基因枪转化洋葱表皮观察融合蛋白在细胞中的表达定位，也可以通过转基因方法获得稳定遗传的转化株系，观察转化株系中 GFP 标记蛋白的表达定位。基因枪转化的方法一般用于观察融合蛋白在细胞中的瞬时表达情况，而通过转基因获得稳定遗传的融合表达株系则更方便研究者进行操作和分析，二者各有利弊，应根据实际情况进行选择。

实验二十三　转基因植株蛋白质水平的检测（Western blot）

【实验目的】

1. 掌握 Western 杂交的原理和基本操作方法。
2. 掌握 Western 杂交的方法在植物发育研究领域的应用。

【实验原理】

Western 免疫印迹（Western blot）是将蛋白质转移到膜上，然后利用抗体进行检测。对已知表达蛋白，可用相应抗体作为一抗进行检测，对新基因的表达产物，可通过融合部分的抗体检测。

与 Southern 或 Northern 杂交方法类似，Western blot 采用的是聚丙烯酰胺凝胶电泳，被检测物是蛋白质，“探针”是抗体，“显色”用标记的二抗。经过 PAGE 分离的蛋白质样品，转移到固相载体（例如硝酸纤维素薄膜）上，固相载体以非共价键形式吸附蛋白质，且能保持电泳分离的多肽类型及其生物学活性不变。以固相载体上的蛋白质或多肽作为抗原，与对应的抗体起免疫反应，再与酶或同位素标记的第二抗体起反应，经过底物显色或放射自显影以检测电泳分离的特异性目的基因表达的蛋白成分。该技术也广泛应用于检测蛋白水平的表达。

【实验器材】

蛋白质电泳装置，蛋白质转膜装置，电泳仪等。

【药品试剂】

1. SDS-PAGE 试剂。

2. 匀浆缓冲液：1ml 1mol/L Tris-HCl（pH 6.8），6ml 10% SDS，0.2mlβ-巯基乙醇，2.8ml ddH_2O。

3. 转膜缓冲液：2.9g 甘氨酸，5.8g Tris，0.37g SDS，200ml 甲醇，加 ddH_2O 定容至 1000ml。

4. 0.01mol/L PBS（pH7.4）：8.0g NaCl，0.2g KCl，1.44g Na_2HPO_4，0.24g KH_2PO_4，加 ddH_2O 定容至 1000ml。

5. 膜染色液：0.2g 考马斯亮蓝，80ml 甲醇，2ml 乙酸，118ml ddH_2O。

6. 封闭液（5% 脱脂奶粉，现配）：1g 脱脂奶粉溶于 20ml 的 0.01mol/L PBS 中。

7. 显色液：6mg DAB；10ml 0.01mol/L PBS；0.1ml 硫酸镍胺；1μl H_2O_2。

【实验方法】

一、蛋白质样品提取

该方法是利用蛋白质提取试剂盒直接提取的方法。

1. 冻存组织匀浆：预先将研钵置于-20℃或-70℃冰箱内冷冻。取液氮冻存的植物组织，放入冰冻的研钵内研磨至粉末状，注意使组织一直处于冰冻状态，如组织颜色加深或变黑通常表明组织已融化。将研磨好的组织转移到离心管，按比例加提取试剂（按每

200mg 植物组织加 500μl)，混匀后冰上放置 20 分钟，其间可数次颠倒混匀，以便蛋白质溶解。

2. 新鲜组织匀浆：取新鲜组织放入研钵中，按每 200mg 植物组织加 500μl 的比例加提取试剂，充分研磨使匀浆液中看不到大的块状或片状组织，保证组织研磨破碎。转移至离心管内，冰上放置 20 分钟。

3. 12000r/min 离心 15 分钟，弃去沉淀。蛋白质在上清液中，将上清液转移至新管。

4. 将上清液直接与 2×SDS 样品缓冲液混合后上样，或 -70℃ 冻存。

二、电泳

1. 制备电泳凝胶。

2. SDS-PAGE 的制备：参见生物化学相关实验书籍。

三、转移

1. 电泳结束后将胶条割至合适大小，用转膜缓冲液平衡 3 次，每次 5 分钟。

2. 膜处理：预先裁好与胶条同样大小的滤纸和 NC 膜，浸入转膜缓冲液中 10 分钟。

3. 转膜：转膜装置从下至上依次按阳极碳板、whatman 滤纸、NC 膜或者 PVDF 膜、凝胶、whatman 滤纸、阴极碳板的顺序放好，滤纸、凝胶、NC 膜精确对齐，每一步去除气泡。接通电源，恒流 1 mA/cm^2，转移 1.5 小时。

4. 转移结束后，断开电源将膜取出，割取待测胶条做免疫印迹。将有蛋白标准的条带染色，放入膜染色液中 50 秒后，在 50% 甲醇中多次脱色，至背景清晰，然后用双蒸水洗，风干夹于两层滤纸中保存，以与显色结果作对比。

四、免疫反应

1. 用 0.01mol/L PBS 洗膜 3 次，每次 5 分钟。

2. 加入封闭液，平稳摇动，室温放置2小时。

3. 弃封闭液，用0.01mol/L PBS洗膜3次，每次5分钟。

4. 加入一抗（按合适稀释比例用0.01mol/L PBS稀释，液体必须覆盖膜的全部），4℃放置12小时以上。阴性对照是以1% BSA取代一抗，其余步骤与实验组相同。

5. 弃一抗和1% BSA，用0.01mol/L PBS分别洗膜4次，每次5分钟。

6. 加入辣根过氧化物酶偶联的二抗（按合适稀释比例用0.01mol/L PBS稀释），平稳摇动，室温放置2小时。

7. 弃二抗，用0.01mol/L PBS洗膜4次，每次5分钟。

8. 加入显色液，避光显色至出现条带时放入双蒸水中终止反应。

【注意事项】

1. 对于不同的蛋白质，一抗和二抗的稀释浓度、作用时间和反应温度需要经过预实验来确定。

2. 显色液必须新鲜配制使用，最后加入H_2O_2。

3. DAB有致癌的潜在可能，操作时要特别小心。

【思考题】

1. Western杂交方法的原理。

2. Western杂交方法在植物发育生物学研究中的应用。

附：提取植物蛋白的其他方法

1. 根据样品重量，1g样品加入3.5ml提取液（300ml：45ml 1mol/L Tris-HCl，pH8；甘油75ml；6g聚乙烯吡咯烷酮），根据材料不同适当增加提取液的量；提取液放在冰上备用。

2. 把样品放在研钵中用液氮研磨，研磨后加入提取液中在冰上静置（3～4小时）。

3. 用离心机离心8000r/min，40分钟，4℃条件下，或11100r/min，20分钟，4℃。

4. 提取上清液，样品制备完成。

这种方法针对SDS-PAGE垂直板电泳。

附：秧苗蛋白质样品的提取

按Davermal等（1986）的方法进行。

1. 100mg材料剪碎后加入10mg PVP-40（聚乙烯吡咯烷酮）及少量石英砂，用液氮研磨成粉，加入1.5ml 10%三氯乙酸（丙酮配制，含10 mmol/L即0.07% β-巯基乙醇），混匀，-20℃沉淀1小时，4℃，15000r/min离心15分钟，弃上清液，沉淀复溶于1.5ml冷丙酮（含10mmol/L β-巯基乙醇），再于-20℃沉淀1小时，同上离心并弃上清液。如有必要则再用80%丙酮（含10mmol/L β-巯基乙醇）。所得沉淀低温冷冻，真空抽干。

2. 按每毫克干粉加入20μl UKS液（9.5mol/L尿素，5mmol/L碳酸钾，1.25% SDS，0.5% DTT，2% Ampholine（Amersham Pharmacia Biotech Inc，pH3.5～10），6% Triton X-100，37℃温育30分钟，其间搅动几次，28℃（温度低，高浓度的尿素会让溶液结冰）16000r/min离心15分钟，离心力大一点、时间长一点好。上清液即可上样电泳，或者-70℃保存。

实验二十四　植物组织免疫酶和免疫荧光技术

【实验目的】

掌握植物组织免疫荧光技术的基本原理和一般步骤。

【实验原理】

免疫组织化学又称免疫细胞化学，是指利用抗原抗体反应在组织细胞原位将带有显色剂标记的特异性抗体与抗原结合，然后通过组织化学的显色反应，对相应抗原进行定性、定位和定量测定的一项技术。这项技术将免疫反应的高度特异性、组织化学显色的可见性结合起来，借助显微镜成像和放大的作用，在细胞、亚细胞水平检测各种抗原物质（如蛋白质、多肽、酶、激素、病原体以及受体等）的含量和分布。

这项技术的基本步骤包括：首先是制备待分析物质的抗体。将组织或细胞中待分析物质提取出来或者是体外合成，以其作为抗原或半抗原去免疫小鼠等实验动物，制备特异性抗体。其次是制备二抗。用前面产生的第一抗体作为抗原去免疫动物制备第二抗体，并用某种酶（常用辣根过氧化物酶）或生物素等进行标记。最后通过抗原抗体反应及显色反应，展示细胞和组织中的化学成分，并在显微镜下观察细胞内发生的抗原抗体反应产物，从而能够在细胞和组织原位水平确定某些化学成分的分布和含量。

免疫组织化学的应用非常广泛。组织和细胞中凡是能作抗原或半抗原的物质，如蛋白质、多肽、氨基酸、多糖、磷脂、受体、酶、激素、核酸及病原体等都可用相应的特异性抗体进行检测。

在免疫组织化学实验中，常常采用石蜡切片或冰冻切片方法获得组织切片。石蜡切片和冰冻切片的方法参见本书的实验三十三和实验三十四。

【实验材料】

拟南芥不同组织部位的冰冻切片。

【实验器材】

低温冷冻切片机，恒温培养箱等。

【药品试剂】

30%过氧化氢，10%山羊血清，PBS缓冲液，生物素标记的二抗，BSA，辣根酶标记链霉卵白素，DAB显色工作液等。

【实验方法】

1. 冰冻切片于室温放置30分钟，在4℃丙酮中固定10分钟，然后用PBS缓冲液洗3次，每次5分钟。石蜡切片应首先脱蜡，具体过程参见实验二十一。

2. 用3%过氧化氢孵育5~10分钟，消除内源性过氧化物酶的活性，然后用PBS缓冲液洗2次，每次5分钟。

3. 5%~10%正常山羊血清（血清用PBS缓冲液稀释）封闭，室温下孵育10分钟。

4. 倾去血清，滴加适当比例稀释的一抗，37℃孵育1~2小时或4℃过夜。然后用PBS缓冲液冲洗3次，每次5分钟。

5. 滴加适当比例稀释的生物素标记二抗（用含有1% BSA的PBS缓冲液稀释），37℃孵育10~30分钟；或滴加第二代生物素标记二抗工作液，37℃或室温孵育10~30分钟。之后用PBS冲洗3次，每次5分钟。

6. 滴加适当比例稀释的辣根酶标记链霉卵白素（PBS缓冲液稀释），37℃孵育10~30分钟；或第二代辣根酶标记链霉卵白素工作液，37℃或室温孵育10~30分钟。最后用PBS冲洗3次，每次5分钟。

7. 显色剂（DAB或AEC）显色。自来水充分冲洗，复染，封片。

第三部分　生物信息学方法及其他常用分子生物学技术

第一节　生物信息学方法

生物信息学是在生命科学的研究中，以计算机为工具对生物信息进行储存、检索和分析的科学。具体说就是从核酸和蛋白质的序列出发，分析序列中表达结构和功能的生物信息，其研究的目标在于揭示“基因组信息结构的复杂性及遗传语言的基本规律”。

生物信息学的主要研究内容，包括生物信息数据库分类、生物序列相似性比较及其数据库搜索、基因预测、基因组进化和分子进化、蛋白质结构预测等基本知识。

在生物学的各个学科领域，生物信息学都发挥着重要的作用。现以拟南芥某一基因为例，讲解如何利用常用网站中的生物信息学知识，为探索基因在发育中的功能奠定基础。

图 3-1 是拟南芥研究中常用的网站 http：//www. arabidopsis. org。将待研究的基因编号或者基因名称填写在图 3-1 方框的位置，然后进行检索。

然后点击该基因的编码，进入网站中此基因的信息中心。图 3-2 显示了该基因的一些基本情况，如基因的大小、编码蛋白质的大小和其上可能的一些结构域，还有该基因突变体的相关信息等。

点击“sequence viewer”进入基因序列信息网页，如图 3-3 所

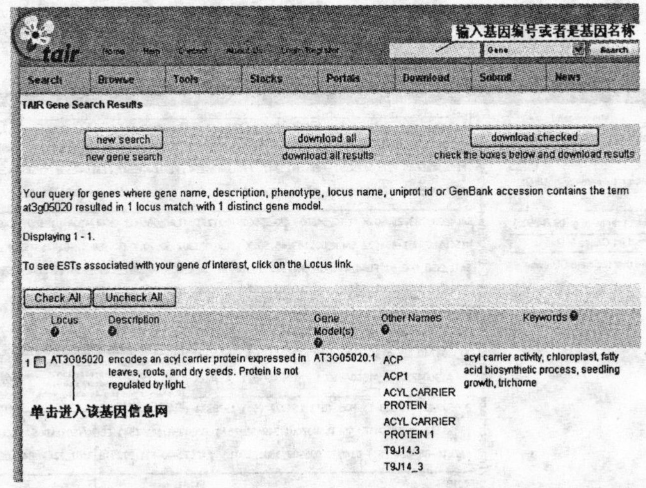

图 3-1　输入基因编号后进入的基因信息网页

Chromosome　3

Nucleotide Sequence　full length CDS　full length genomic　full length cDNA　full length genomic

Protein Data

name	Length (aa)	molecular weight	isoelectric point	domains(# of domains)
AT3G05020.1	137	15055.2	7.265	Acyl carrier protein-like:IPR009081(2) Acyl carrier protein (ACP);Molecular Function: acy:IPR003231(2) Phosphopantetheine attachment site;Molecular Funct:IPR006162(1) Phosphopantetheine-binding;Molecular Function: cof:IPR006163(2)

Map Locations

chrom	map	map type	coordinates	orientation	attrib
3	AGI	nuc_sequence	1391638 - 1392960 bp	reverse	detail
3	T9J14	assembly_unit	11991 - 13313 bp	forward	

Map Links　Map Viewer　Sequence Viewer　GBrowse —— 点击后进入基因序列信息网页

Polymorphism

name	type	Polymorphism site	Allele type
SALK_075428.54.75.x	insertion	promoter	unknown
GK-076C09-011919	insertion	exon	unknown
GK-076C09-011919	insertion	promoter	unknown
GK-076C09-011889	insertion	exon	unknown
GK-076C09-011889	insertion	promoter	unknown
GK-543B04-021956	insertion	exon	unknown
GK-543B04-021956	insertion	promoter	unknown
GK-543B04-021955	insertion	exon	unknown
GK-543B04-021955	insertion	promoter	unknown
GK-543B04-021951	insertion	exon	unknown
GK-543B04-021951	insertion	promoter	unknown
SAIL_640_B04.v1	insertion	promoter	unknown

选择突变体
点击后进入该突变体信息网页

图 3-2　点击基因序列号后进入基因的详细资料网页

示。在该网页中，目的基因被标注，可以通过进一步的点击相关信息获得有关该基因的详细资料，如序列（图 3-4）等。

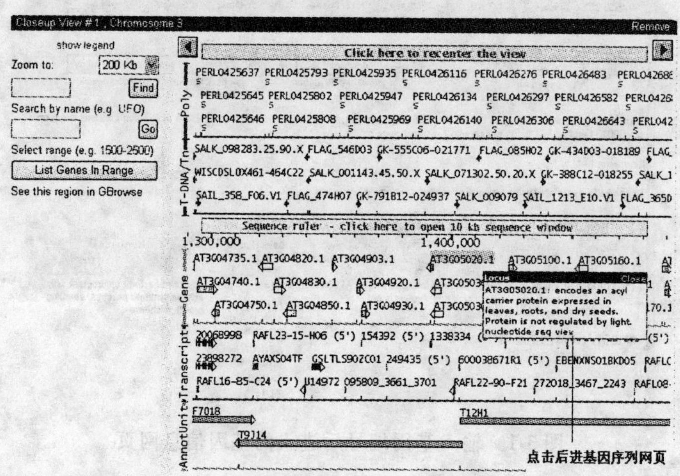

图 3-3　点击基因的“sequence view”，进入基因在染色体位置的信息网页

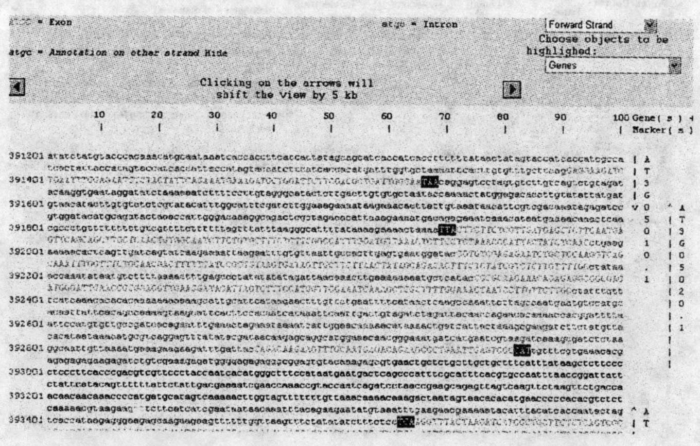

图 3-4　点击“nucleotide seq view”进入基因序列网页

在图3-2中点击突变体信息网页（图3-5），其中包含着许多信息，包括该突变体是利用T-DNA插入方式获得的，并列出了T-DNA插入位置的侧翼DNA序列。

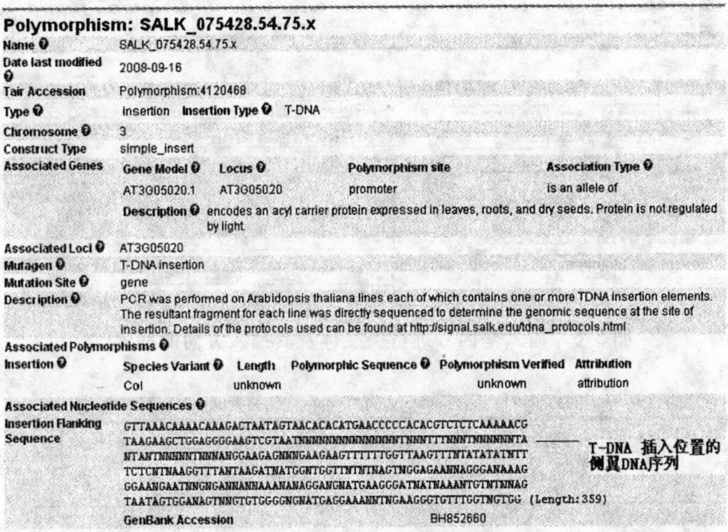

Polymorphism: SALK_075428.54.75.x

Name: SALK_075428.54.75.x
Date last modified: 2008-09-16
Tair Accession: Polymorphism:4120468
Type: insertion　Insertion Type: T-DNA
Chromosome: 3
Construct Type: simple_insert
Associated Genes:

Gene Model	Locus	Polymorphism site	Association Type
AT3G05020.1	AT3G05020	promoter	is an allele of

Description: encodes an acyl carrier protein expressed in leaves, roots, and dry seeds. Protein is not regulated by light.

Associated Loci: AT3G05020
Mutagen: T-DNA insertion
Mutation Site: gene
Description: PCR was performed on Arabidopsis thaliana lines each of which contains one or more TDNA insertion elements. The resultant fragment for each line was directly sequenced to determine the genomic sequence at the site of insertion. Details of the protocols used can be found at http://signal.salk.edu/tdna_protocols.html

Associated Polymorphisms
Insertion:

Species Variant	Length	Polymorphic Sequence	Polymorphism Verified	Attribution
Col	unknown		unknown	attribution

Associated Nucleotide Sequences
Insertion Flanking Sequence:

```
GTTAAACAAAACAAAGACTAATAGTAACACACATGAACCCCCACACGTCTCTCAAAAACG
TAAGAAGCTGGAGGGGAAGTCGTAATNNNNNNNNNNNNNNNNNTNNNTTTNNNTNNNNNNNTA
NTANTNNNNNNTNNNANGGAAGAGNNNGAAGAAGTTTTTTGGTTAAGTTTNTATATATNTT
TCTCNTNAAGGTTTANTAAGATNATGGNTGGTTNTNTNAGTNGGAGAANNAGGGANAAAG
GGAANGAATNNGNGANNANNAAANANAGGANGNATGAAGGGATNATNAAANTGTNTNNAG
TAATAGTGGANAGTNNGTGTGGGGNGNATGAGGAAANNTNGAAGGGTGTTTGGTNGTGG (Length:359)
```

T-DNA 插入位置的侧翼DNA序列

GenBank Accession: BH852660

图3-5　突变体信息网页

此外，进入网站 http://signal.salk.edu/cgi-bin/tdnaexpress，可以查找基因突变体及插入方向（图3-6）。在方框中输入目的基因的编码，即可获得某个基因的突变体信息（图3-7）。

在这张网页中包含着该基因的若干个突变体在目的基因上的位置和插入方向。

上面列出的是拟南芥中一个已知基因序列号的基因，显示的是如何利用生物信息学获得相关知识的方法。下面列出的是对一段仅知道碱基序列的DNA如何进行分析的方法。对于未知的DNA序列的生物信息学分析一般首先利用NCBI网站（http：//

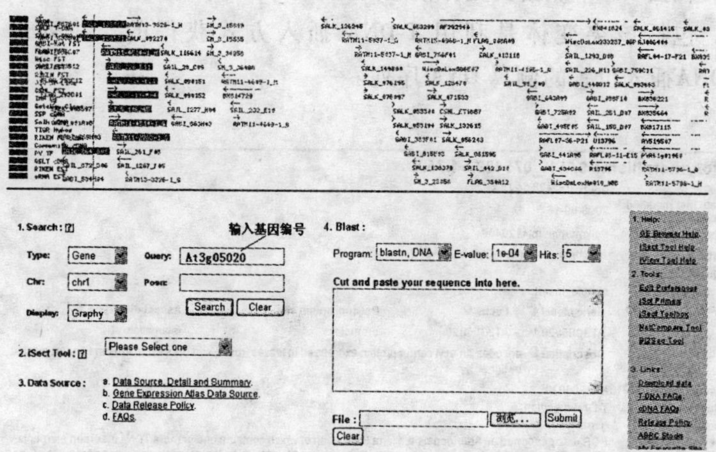

图 3-6　输入基因号进行突变体及其插入方向的搜索

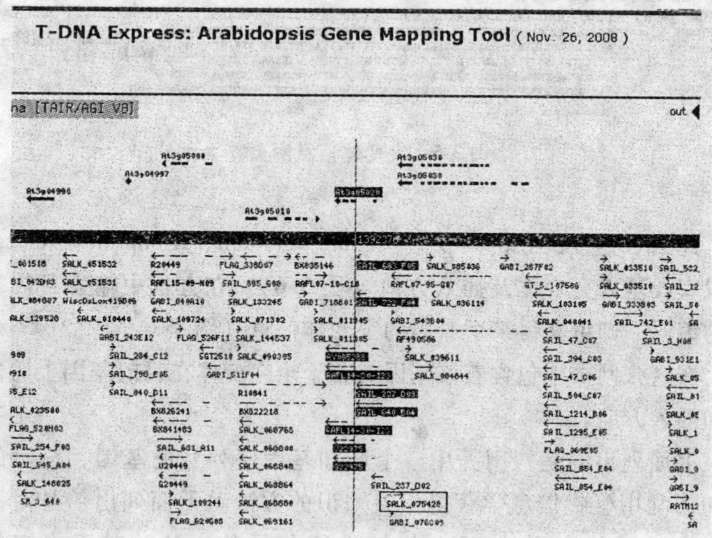

图 3-7　某个基因的突变体信息

www. ncbi. nlm. nih. gov/）进行检索，获得一定的信息。该网站提供如下服务：PubMed、PubMed Central、Bookshelf、BLAST、Gene、Nucleotide、Protein、GEO、Conserved Domains、Structure、PubChem。

(1) 首先将DNA序列在NCBI网站的“blast”功能区进行比对，分析是否与已知的DNA序列同源；

(2) 利用网站寻找ORF功能，分析是否编码蛋白质；

(3) 分析编码的蛋白质是否有特殊的结构域；

(4) 编码的蛋白质结构特征的分析；

(5) 重要的是查找该DNA片段的功能是否已经有相应的论文报道。

NCBI网站是生物学工作者经常使用的信息网站，以功能强大著称。除了这一网站外，下面列出了一些常用的其他生物学网站。

1. http：//www. bionavigator. com，提供查找核酸的酶切位点、motif、开读框等搜索、PCR引物设计、二级结构预测、多序列比较及分子进化树构建等服务；蛋白分析则包括酶切图谱、功能区搜索、分子进化分析、蛋白二级结构预测等；此外还提供序列管理等功能，为收费网站。

2. ExPASy：http：//www. expasy. ch/tools/，提供蛋白质分析。有较多的蛋白质分析工具，包括分子量、亲疏水性、表面积、二级结构、与SWISS-PROT数据库收录分子同源性比较、极性、折射率等分析。

3. SignalP：http：//www. cbs. dtu. dk/services/SignalP/，信号肽预测服务器，它的功能是预测给定的氨基酸序列中是否存在潜在的信号肽剪切位点及其所在，原核生物和真核生物都可以进行预测。

第二节 启动子分析

启动子是基因的一部分，控制基因转录表达的起始时间和表达程度，是 RNA 聚合酶特异性识别和结合的一段位于结构基因 5′端上游 DNA 序列。

原核基因位于起点上游 10bp 处有一个由 5 个核苷酸（TATAA）组成的共同序列，以其发现者的名字命名为 Pribnow 框，在-35bp 处也有一个共同序列（TTGACA）。在真核基因中，有一个类似 Pribnow 框的共同序列，即位于-25～-30bp 处的 TATAAAAG，也称 TATA box。TATAbox 上游的保守序列称为上游启动子元件（upstream promoter element，UPE）或上游激活序列（uptream activating sequence，UAS）。另外，在-70～-78bp 处还有一段共同序列 CCAAT，称为 CAAT 框（CAAT box）。在真核基因中，有少数基因没有 TATA 框。没有 TATA 框的真核基因启动子序列中，有的富集 GC，即 GC 框。GC 框位于-80～-110bp 处的 GCCACACCC 或 GGGCGGG 序列。TATA 框的主要作用是使转录精确起始，CAAT 框和 GC 框主要是控制转录起始的频率。启动子中的-10 和-35 序列是 RNA 聚合酶所结合和作用必需的顺序。但是附近其他 DNA 顺序也能影响启动子的功能。如远隔部位的富有 AT 的 DNA 顺序能增进转录起始的频率；有些上游 DNA 顺序是某些能直接激活 RNA 聚合酶的“激活蛋白”的结合部位。

实验二十五 启动子序列的克隆——染色体步移法

由于拟南芥基因组序列已测序完成，研究其某个基因启动子时，可以根据已知的基因序列设计引物，直接克隆基因的启动子。但是对于烟草、油菜等植物材料，由于没有已知的基因组序列，在克隆某个基因启动子时需要利用染色体步移（genome walking）。

【实验目的】

1. 了解染色体步移的基本原理。

2. 学习基于热不对称 PCR 的染色体步移技术及步骤。

【实验原理】

染色体步移的方法中常用的是环状 PCR，包括反向 PCR、锅柄 PCR、连接介导 PCR、热不对称 PCR（Tail-PCR）、单侧寡聚核苷酸嵌套 PCR（single oligonucleotide nested PCR，SON PCR）。本实验中介绍的是基于 TaKaRa 的试剂盒的实验方法。

基本原理是根据已知 DNA 序列分别设计 3 条同向且退火温度较高的特异性引物（SP Primer），以及退火温度较低的兼并引物，进行热不对称 PCR 反应。图 3-8 显示的是染色体步移技术的基本步骤。

【实验方法】

1. 基因组 DNA 的获取。（方法参照实验十八）

2. 已知序列的验证：根据已知序列设计特异性引物（扩增长度最好不少于 500bp），对模板进行 PCR 扩增，然后对 PCR 产物进行测序，与参考序列比较，确认已知序列的正确性。

3. 特异性引物的设计：根据验证的已知序列，按照前述的特异性引物设计原则设计 3 条特异性引物，即：SP1，SP2，SP3。

4. 第一轮 PCR 反应：取适量基因组 DNA 作为模板，以 AP Primer（4 种中的任意一种，以下以 AP1 Primer 为例）作为上游引物，SP1 Primer 为下游引物，进行第一轮 PCR 反应。

①按下列组分（表 3-1）配制第一轮 PCR 反应液。

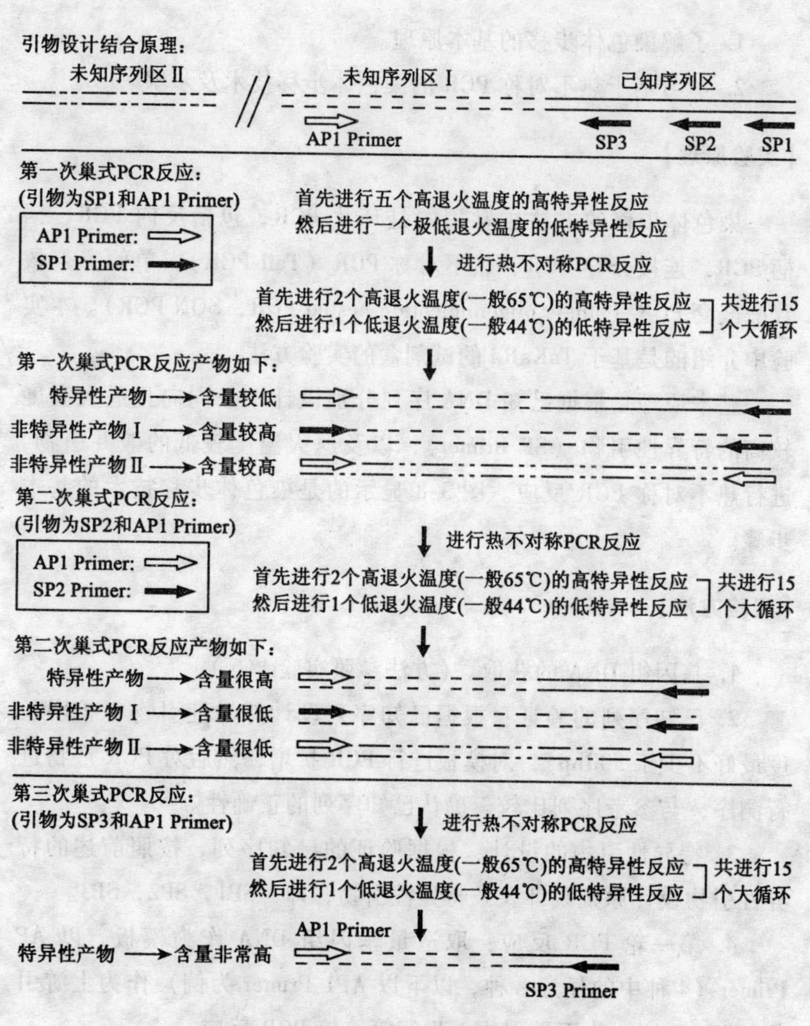

图 3-8　染色体步移技术的基本步骤

表 3-1　**染色体步行中的第一轮 PCR 反应**

名称	保存浓度	加样体积
ddH_2O		补足体积
Template（基因组 DNA）		1-10 ng
dNTPs	2.5mmol/L each	8μl
10×LA PCR Buffer II（Mg^{2+} plus）		5μl
TaKaRaLA Taq ®	5U/μl	0.5μl
AP1 Primer	100 pmol/μl	1μl
SP1 Primer	10 pmol/μl	1μl

②第一轮 PCR 反应条件：

94℃　1 分钟

98℃　1 分钟

94℃　30 秒

60～68℃　1 分钟　5 循环

72℃　2～4 分钟

94℃　30 秒；25℃　3 分钟；72℃　2～4 分钟

94℃　30 秒；60～68℃　1 分钟；72℃　2～4 分钟
94℃　30 秒；60～68℃　1 分钟；72℃　2～4 分钟　共 15 个大循环
94℃　30 秒；44℃　1 分钟；72℃　2～4 分钟

72℃　10 分钟

5. 第二轮 PCR 反应：将第一轮 PCR 反应液稀释 1～1000 倍后，取 1μl 作为第二轮 PCR 反应的模板，以 AP1 Primer 为上游引物，SP2 Primer 为下游引物，进行第二轮 PCR 反应。

①按下列组分（表 3-2）配制第二轮 PCR 反应液。

表 3-2　　染色体步行中的第二轮 PCR 反应

名称	保存浓度	加样体积
ddH_2O		补足体积
Template（1st PCR 反应液）		1μl
dNTPs	2.5mmol/L each	8μl
10×LA PCR Buffer II（Mg^{2+} plus）		5μl
TaKaRaLA Taq ®	5 U/μl	0.5μl
AP1 Primer	100 pmol/μl	1μl
SP2 Primer	10 pmol/μl	1μl

②第二轮 PCR 反应条件：

94℃　30 秒；　60～68℃　1 分钟；　72℃　2～4 分钟
94℃　30 秒；　60～68℃　1 分钟；　72℃　2～4 分钟　共 15 个大循环
94℃　30 秒；　44℃　1 分钟；　72℃　2～4 分钟
72℃　10 分钟

6. 第三轮 PCR 反应：将第二轮 PCR 反应液稀释 1～1000 倍后，取 1μl 作为第三轮 PCR 反应的模板，以 AP1 Primer 为上游引物，SP3 Primer 为下游引物，进行第三轮 PCR 反应。

①按下列组分配制第三轮 PCR 反应液（表 3-3）。

表 3-3　　染色体步行中的第三轮 PCR 反应

名称	保存浓度	加样体积
ddH_2O		补足体积
Template（2nd PCR 反应液）		1μl
dNTPs	2.5mmol/L each	8μl
10×LA PCR Buffer II（Mg^{2+} plus）		5μl

续表

名称	保存浓度	加样体积
TaKaRaLA Taq ®	5 U/μl	0.5μl
AP1 Primer	100 pmol/μl	1μl
SP3 Primer	10 pmol/μl	1μl

②第三轮 PCR 反应条件：

94℃	30 秒；	60 ~ 68℃	1 分钟；	72℃	2 ~ 4 分钟	共 15 个大循环
94℃	30 秒；	60 ~ 68℃	1 分钟；	72℃	2 ~ 4 分钟	
94℃	30 秒；	44℃	1 分钟；	72℃	2 ~ 4 分钟	
72℃	10 分钟					

7. 取第一轮、第二轮和第三轮 PCR 反应液各 5μl，使用 1% 的琼脂糖凝胶进行电泳。

8. 切胶回收清晰的电泳条带，以 SP3 Primer 为引物对 PCR 产物进行 DNA 测序。

【思考题】

简述染色体步行技术的基本原理。

实验二十六　启动子和 GUS 融合转基因植株的染色分析

【实验目的】

1. 通过本实验使学生掌握植物组织中 GUS 染色的原理和方法。
2. 掌握利用标记基因研究启动子活性的方法。
3. 掌握和了解研究基因时空表达的方法。

【实验原理】

在稳定的遗传转化植株中，利用简单的组织化学检测可精确地分析 gusA（*uidA*）融合基因的时空表达模式。在植物组织和细胞中，用 5-溴-4-氯-3-吲哚-β-葡萄糖苷酸酯（5-bromo-4-chloro-3-indolyl-beta-D-glucuronic acid，X-gluc）作为底物可以进行 GUS（β-glucuronidase）活性的精确定位。这一反应分两步进行：首先是切割葡萄糖醛酸部分，产生无色的吲哚氧基中间产物，随后吲哚氧基中间产物成为不溶的蓝色沉淀。

利用 GUS 染色研究基因的表达模式有如下优点：①在大多数植物组织中，GUS 活性的本底低；②反应产物不扩散，在表达基因的植物细胞内积累；③通过简单的扩散或真空渗入，底物易被植物细胞吸收。

缺点：①对于活体组织不太合适；②GUS 表达水平很高的组织中会发生无色反应产物渗漏的现象，可以通过在底物溶液中加入氧化剂氰化钾或亚铁氰化钾或者二者都加（终浓度为 5mmol/L）使这种渗漏减至最少；③检测结果虽然可以做到相对定量，但是不能对基因表达产物的多少进行绝对的定量。

用于染色的植物材料的制备方法因涉及的特定组织和器官不同而异。例如，拟南芥的根、花和叶片以及烟草幼苗的根就可以不作任何预处理而直接染色。但是，烟草和马铃薯的茎和叶必须在染色前切成薄片（1～3mm）。操作体积大的组织和样品，可以选用真空渗入法帮助底物和酶渗入细胞。

GUS 标记和染色在植物发育生物学领域有着重要的应用。常常将其构建到某个基因启动子的下游，从而研究该基因在植物体内的表达情况。有时将 GUS 构建到诱导启动子的下游，以研究该启动子下游基因在植物生长发育中的分布情况。

【实验材料】

烟草和/或拟南芥转基因植株。

【实验器材】

恒温培养箱，显微镜，微量移液器等。

【药品试剂】

1. X-gluc：用N-N-二甲基甲酰胺配制成20mmol/L的储存液，分装成每管100μl，于-20℃保存。

2. 底物溶液：加1mmol/L X-gluc于100mmol/L磷酸钠缓冲液（pH7.0），含10mmol/L EDTA，1～5mmol/L铁氰化钾，1～5mmol/L亚铁氰化钾。

3. 0.1% TritonX-100。

4. 95%乙醇。

【实验方法】

将组织放入1.5ml离心管中，加入100～200μl底物溶液。

【注意事项】

如果是用微量滴定板进行温育，要保证封好样品，以防止样品变干。

2. 37℃温育过夜（如果需要时间可以短一些）。

3. 如果必要可以将植物组织浸泡在95%乙醇中除去叶绿素（蓝色沉淀在乙醇中很稳定）。

4. 如果组织需要固定后进行切片，那么温育过夜后即可以进行固定。

【思考题】

1. GUS活性检测有哪些优缺点。

2. GUS活性检测中有哪些注意事项？

附：GUS 活性的定量检测（引自《拟南芥实验手册》（Weigel and Glazebrook，2004）

原理：GUS 活性的定量检测通常以 4-MUG（4-methylumbellyferyl β-D-glucuronide）为底物，反应生成的 4-MU（4-methyl umbelliferone），可以进行定量测定。

一、试剂

1. GUS 提取液：50mmol/L 磷酸钠（pH7.0），10mmol/L EDTA（pH8.0），0.1% SDS，0.1% TritonX-100，上述溶液混合后可以室温保存，使用前加入 10mmol/L 巯基乙醇和 25μg/ml PMSF。

2. 4-MUG：25mmol/L 溶解在 GUS 提取液中。

3. 4-MU：10mmol/L 溶解在水中。

二、步骤

1. 200～500mg 组织放入微量离心管中，液氮速冻后保存于 -80℃。

2. 植物组织材料液氮速冻后用微量研棒研磨，确保组织保持在冷冻状态。

3. 加入 150μl GUS 提取缓冲液，保存在液氮中直到所有的材料已经准备完毕。

4. 4℃，15000r/min 离心 10 分钟。

5. 将上清液转移到新的离心管中，并在冰上放置。

6. 准备反应混合物：1 mmol/L 4-MUG 溶解在 GUS 提取缓冲液中。在每个样品中加入上述混合液 1ml，然后在 37℃保温。

7. 对于每个样品要事先准备好两个玻璃管，分别装 900μl 1mol/L 碳酸钠以终止反应。

8. 加 10μl 上述的上清液到反应管中，精确反应 10 分钟后，转移其中的 100μl 到已准备好的终止液（1mol/L 碳酸钠）中。

9. 20分钟后，再转移100μl的反应液至终止液中终止反应。

10. 4-MU的标准液：将100nmol/L、250nmol/L和500nmol/L 4-MU保存液加到终止液中。

11. 在酶标仪上面测定数值。激发波长：365nm；吸收波长：455nm；滤波器：430nm。

12. 制备标准曲线，测定样品。

13. 样品中蛋白质含量的测定。

14. 计算GUS的活力，单位为nmol/min/mg，即每分钟反应条件下，每毫克植物组织中GUS反应生成4-MU的量（nmol）。

实验二十七 DR5::GUS融合转基因植株的染色分析

DR5是一种包含TGTCTC的生长素响应元件的启动子，该启动子在植物组织中含有生长素的情况下具有活性。将DR5构建到GUS的上游，GUS基因的表达部位和分布可以用于检测植物地上和地下部分生长素流向动态变化。如DR5::GUS转基因拟南芥可用于分析活性生长素在花及花药中的分布。通过对GUS活性的检测，发现生长素主要累积在植株的特定器官和组织中。

【实验材料】

DR5::GUS转基因植株。

【实验方法】

见实验二十六中的介绍。

【实验结果】

图3-9显示的是DR5::GUS转基因植株中GUS活性的变化情况。

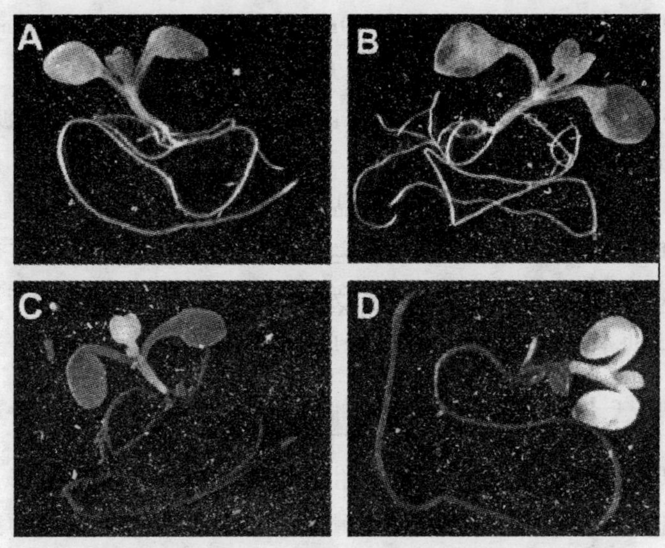

A：未处理的拟南芥；　　B：10nmol/L BL 处理 12 小时；
C：1 μmol/L IAA 处理 12 小时；D：50nmol/L IAA 处理 12 小时。
图 3-9　DR5::GUS 转基因植株中 GUS 活性的变化情况
(Nakamura et al.，2003)

第三节　定点突变获得突变体的方法

定点突变是指通过 PCR 等方法向目的 DNA 片段中引入包括碱基的添加、删除或者点突变等过程。定点突变在研究蛋白质结构和功能以及改造基因中发挥着重要的作用。对某个已知基因的特定碱基进行定点改变、缺失或者插入，可以改变对应的氨基酸序列和蛋白质结构。对突变基因的表达产物进行研究有助于了解蛋白质结构和功能的关系，探讨蛋白质的结构和结构域。定点突变技术应用于基因改造最直接的例子就是GFP。野生型的绿色荧光蛋白(wtGFP)在紫外光激发下仅能发出微弱的绿色荧光，经过对其发光结构域的特定氨基酸进行定点改造后，目前采用的GFP能在可见光的波长范围内被激发（吸收区红移)，而且发光强度比原来强上百倍。

定点突变技术在科学研究领域得到了诸多应用，如研究蛋白质相互作用位点、酶的动力学特性，改造启动子或者DNA作用元件，研究蛋白质的晶体结构以及药物研发和基因治疗等方面。在植物发育生物学研究领域，定点突变技术常常用于分析基因关键结构域中关键碱基对于功能的决定性作用。

Stratagene公司的QuikChange Site-directed Mutagenesis kit和Clontech公司的Transformer Site-Directed Mutagenesis Kit是实验室常用的获得基因单位点突变的方法，这两种方法各有优缺点。

实验二十八　利用QuikChange Site-directed Mutagenesis试剂盒获得定点突变基因

【实验目的】

1. 掌握QuikChange Site-directed Mutagenesis kit和Transformer Site-Directed Mutagenesis Kit的基本原理。

2. 学习利用QuikChange Site-directed Mutagenesis kit获得定点突变基因的方法。

【实验原理】

Stratagene公司的QuikChange Site-directed Mutagenesis kit的基本原理是利用甲基化的模板质粒对DpnI敏感而合成的突变质粒（对*Dpn* I酶切不敏感)，利用酶切除去模板质粒，得到突变质粒，使操作简单有效。首先设计一对包含突变位点的引物（正向和反向)，与模板质粒退火后用PfuTurbo聚合酶“循环延伸”。所谓的循环延伸是指聚合酶按照模板延伸引物，一个循环后回到引物5′端终止，再经过反复加热退火延伸的循环，这个反应与滚环扩增不同，不会形成多个串联拷贝。正反向引物的延伸产物退火后配对成为带缺刻的开环质粒。*Dpn* I 酶切延伸产物，由于原来的模板质粒来源于常规大肠杆菌，是经 dam 甲基化修饰的，对 *Dpn* I 敏感而被切碎（*Dpn* I 识别序列为甲基化的 GATC，GATC 在几乎各种质粒中都会出现，而且不止一次），而体外合成的带突变序列的质粒由于没有甲基化而不被切开，因此，在随后的转化中得以成功转化，即可得到突变质粒的克隆（图 3-10）。

Clontech 公司的 Transformer Site-Directed Mutagenesis Kit 的基本原理是利用改造单酶切位点使新合成的突变质粒不被切开，从而除去原来的模板质粒。首先根据准备突变的质粒自行设计两条引物（同一方向，对同一单链模板），一条包含计划定点突变的序列，另一条引物包含质粒上某一个单酶切位点，不过在单酶切位点中引入突变，这样两条引物除了所包含的突变位点，其他序列和质粒上对应位置的序列完全一致，退火后和质粒模板结合，通过 T4 DNA 聚合酶延伸，延伸反应持续到另一条引物停止。两段包含突变位点的延伸产物经 T4 连接成环，与模板链组成杂合环，带有两处错配。单酶切反应产物直接转化 *E. coli* BMH 71-18 mutS（错配修复缺陷株）。原来的双链质粒模板被切开而不能转化，而杂合质粒由于一条链上单酶切位点引入突变而不被切开，保持环状质粒得以转化。转化子的杂合双链在 *E. coli* 复制过程中分开，再经过一轮提取质粒、单酶切和转化，最后获得纯合的突变质粒。

【实验方法】

1. 引物设计：每条引物都要携带所需的突变位点，引物一般长 25 ~ 45bp，设计的突变位点需位于引物中部。

2. 反应：使用高保真的 pyrobest DNA 聚合酶；循环次数少，

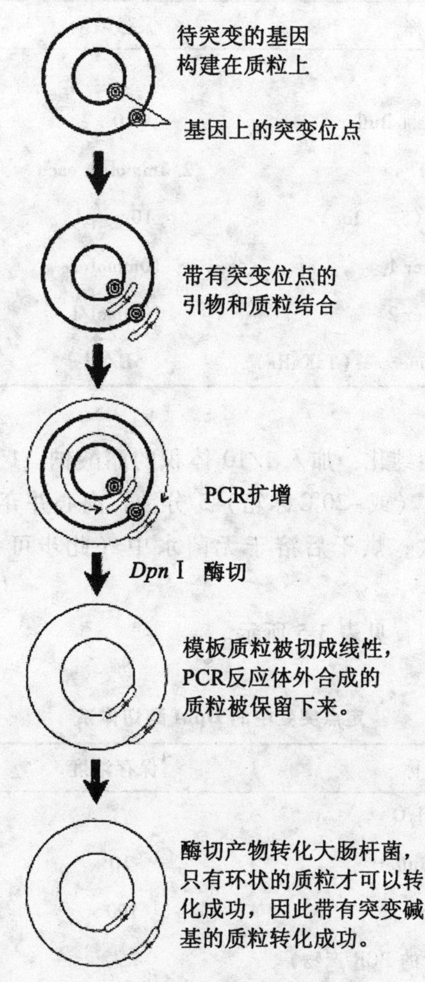
待突变的基因
构建在质粒上
基因上的突变位点
带有突变位点的
引物和质粒结合
PCR扩增
DpnⅠ 酶切
模板质粒被切成线性，
PCR反应体外合成的
质粒被保留下来。
酶切产物转化大肠杆菌，
只有环状的质粒才可以转
化成功，因此带有突变碱
基的质粒转化成功。

图 3-10　QuikChange Site-directed Mutagenesis kit 的基本原理

一般为 12 个循环。反应体系见表 3-4 所示。

表 3-4　　　　**定点突变中的 PCR 反应体系**

名称	保存浓度	加样体积
ddH_2O		补足体积至 50μl
10×pyrobest Buffer	10 ×	5μl
dNTPs	2.5mmol/L each	1μl
模板 DNA（5～50ng）	10ng/μl	5μl
primer 1	10mmol/L	1μl
primer 2	10mmol/L	1μl
pyrobest DNA polymerase（TaKaRa）	5U/μl	0.25μl

3. 产物沉淀纯化：加入 1/10 体积的醋酸钠，1 倍体积的异丙醇，混匀置冰上（或-20℃冰箱）5 分钟，离心并弃上清液，75% 乙醇洗脱盐两次，烘干后溶于无菌水中（此步可省略，直接用 *Dpn*I 酶切）。

4. *Dpn*I 酶切，见表 3-5 所示。

表 3-5　　　　**定点突变中的 DpnI 酶切体系**

名称	保存浓度	加样体积
ddH_2O		补足体积至 20μl
10×Buffer	10×	2μl
BSA	100 ×	0.2μl
DNA（回收后的 PCR 产物）		2μl
Dpn I	10U/μl	0.5μl

30℃酶切 1～4 小时；

65℃水浴 15 分钟终止反应。

5. 将酶切产物转化大肠杆菌 DH5 α菌株，利用抗生素筛选突变子。

6. 通过测序验证。

【思考题】

1. QuikChange Site-directed Mutagenesis kit 获得定点突变基因的原理和方法。

2. 利用 QuikChange Site-directed Mutagenesis kit 时有哪些需要注意的地方?

第四节 蛋白质亚细胞定位技术——基因枪法

实验二十九 基因枪法转化洋葱表皮细胞

【实验目的】

1. 通过本实验使学生掌握基因枪法的原理及方法。

2. 了解 GFP 报告基因在分析蛋白质细胞定位方面的原理、方法和应用。

【实验原理】

1987 年克莱因（Klein）等首次用基因枪轰击洋葱上表皮细胞，成功地将包裹了外源 DNA 的钨弹射入组织细胞内，并实现了外源基因在组织细胞中的表达。这一方法需要使用一种模仿枪结构的装置——基因枪，枪管的前端是封口的，上面只有直径 1mm 的小孔，弹头不能通过。其具体操作是将直径 4μm 左右的钨粉或其他重金属粉在外源 DNA 中形成悬浮液，则外源 DNA 会被吸附到钨粉颗粒的表面；再将这些吸附外源遗传物质的金属颗粒装填到圆筒状弹头的前端；起爆后，弹头加速落入枪筒，在枪筒口附近被挡住，而弹头前端所带的钨粉颗粒在惯性作用下脱离弹头，以高速通过1mm的小孔直接射入受体细胞，其表面吸附的外源DNA也随之进入细胞内。也可以用高压放电或高压气体使金属粒子加速。这一方法与微注射法相比，具有一次处理可以使许多细胞转化的优点，受体可以是植物组织也可以是细胞。应用此方法已获得了玉米、小麦、水稻的转化细胞和烟草、大豆等可育的转化植株。另外，也有对未成熟胚进行轰击并实现转化的研究报道。

基因枪法的优点：①无宿主限制。基因枪法本质上是一种物理过程，没有宿主限制，对单子叶和双子叶植物都能进行有效转化。②靶受体类型广泛，不受组织类型限制。几乎所有具有潜在分生能力的组织或细胞都可以用基因枪进行轰击转化。目前用于基因枪转化的受体材料十分广泛，其中包括原生质体、悬浮细胞、根或茎的切段、叶圆片、成熟胚、幼胚、分生组织、愈伤组织、胚芽鞘等几乎所有具有潜在分化能力的组织或细胞。③可控度高。采用高压放电或高压气体驱动的基因枪，可根据实验需要，将载有外源DNA的金属颗粒射入特定层次的细胞（如再生区的细胞），使转化细胞能再生植株，从而提高转化频率。④操作简便且快速。基因枪法是一种物理过程，只要在无菌的条件下将载有外源基因的金属颗粒轰击受体材料，就可以进行筛选培养，因此它的操作简便而迅速。

基因枪法的缺点：由于基因枪轰击的随机性，外源基因进入宿主基因组的整合位点相对不固定，拷贝数往往较多，这样转基因后代容易出现突变、外源基因容易丢失，容易引起基因沉默等现象，不利于外源基因在宿主植物的稳定表达。而且基因枪价格昂贵、运转费用较高。

绿色荧光蛋白GFP是从发光水母中分离的一种绿色荧光蛋白，其分子量很小；当与其他蛋白质融合后仍可保持其生物活性，因此，用于检测能与之融合的某一特定蛋白质的表达与定位。

【实验材料】

洋葱，构建成功的瞬间表达载体质粒和对照质粒。

【实验器材】

光照培养箱、基因枪、超净工作台、荧光显微镜、其他小型分子生物学仪器等。

【药品试剂】

金粉。

【实验方法】

一、金粉的准备

1. 称取 30mg 的金粉，置于 1.5ml 的离心管中。

2. 加入 1ml 70% 乙醇并充分混匀 2～3 分钟。将金粉浸泡在 70% 乙醇中 15 分钟，之后离心 5 秒钟将金粉沉淀下来，并将上清液倒掉。

3. 重复 3 次下面的清洗步骤：加入 1ml 无菌水，振荡 1 分钟，之后让金粉自然沉降 1 分钟，并短暂离心，将上清液去掉。

4. 清洗后，加入 500μl 50% 甘油使金粉的浓度为 60mg/ml。每次轰击使用 500μg，即 8～9μl。制备好的金粉悬浮液可以在室温保存 2 个星期。如果使用的是钨，则需要在 -20℃ 保存，避免金属钨被氧化。

二、DNA 的处理

1. 将准备好的金粉悬浮液（50% 甘油，浓度为 60mg/ml）振荡 5 分钟，使聚合的颗粒散开。

2. 取 50μl（3mg）金粉的悬浮液到一个新的 1.5ml 离心管中。

按照顺序加入下列物质：5μl DNA（1μg/μl）；50μl 2.5mol/L $CaCl_2$；20μl 0.1mol/L 亚精胺（组织培养级）。

3. 将上述物质混匀2～3分钟，将离心管静止约1分钟，然后在离心机上点离5秒钟，之后将上清液去掉。

4. 在沉淀部分加入140μl 70%乙醇，混匀后在离心机上点离5秒钟，然后去掉液体部分；再加入140μl 70%乙醇，混匀后在离心机上点离5秒钟，去掉液体部分；最后加入48μl 100%乙醇。将沉淀轻轻重悬。

三、基因枪注射和显微观察

1. 撕取洋葱表皮，放在MS固体培养基（3%蔗糖，1%琼脂粉）上。

2. 开启超净工作台，使其正常工作。

3. 打开基因枪电源，打开氮气瓶气阀，将VCA/VENT键打到VENT位置，待气压表指针到达设定位置后，将VCA/VENT键调到中间hold位置，按住Fire键，直到发射。使VCA/VENT键到VCA位置，使气压恢复正常；关闭氮气瓶气阀；关闭基因枪气阀。不同型号的基因枪的操作稍有不同，但是原理基本相同。

4. 将注射过的洋葱表皮放置在室温下，持续光照培养20～24小时，荧光显微镜（488nm）下观察GFP荧光。实验结果如图3-11所示。

【思考题】

1. 除GFP可以作为报告基因外，还有哪些基因可以作为报告基因？各有什么优缺点？

2. 利用基因枪进行转基因操作与农杆菌介导的转基因方法各有什么优点和局限性？

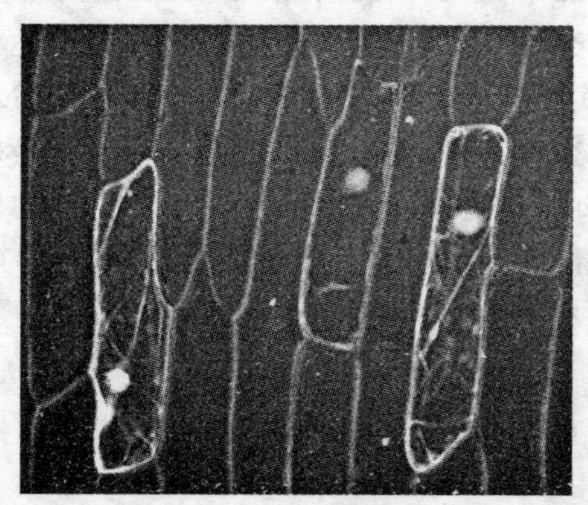

图 3-11　显示 GFP 在洋葱表皮细胞中的表达情况

第五节　DNA 和蛋白质互作的研究方法

DNA 和蛋白质是自然界中的两大生命物质，二者之间相互作用的研究是 21 世纪生命科学领域的研究热点。研究 DNA 与蛋白质相互作用有助于深入地探讨基因启动子的结构与功能，研究 DNA 与蛋白质转录因子之间的相互作用，揭示 mRNA 转录起始和终止的调控机制，对于阐明在个体生物生长发育过程中基因表达的时空调节机制以及外源基因在转基因植株中表达的分子机理等方面具有重要作用。常用的分析 DNA 和蛋白质相互作用的方法有酵母单杂交、染色质免疫共沉淀、凝胶阻滞试验、DNase Ⅰ足迹试验、甲基化干扰试验以及体内足迹试验等。

一、酵母单杂交技术

酵母单杂交体系自 1993 年由 Wang 和 Reed 创立以来，在生物学研究领域中已显示出巨大的威力。应用酵母单杂交体系已验证了许多已知的 DNA 与蛋白质之间的相互作用，同时发现了新的 DNA

与蛋白质的相互作用，并由此找到了多种新的转录因子。

酵母单杂交技术通过对酵母细胞内报告基因表达状况的分析来鉴定 DNA 顺式作用元件与转录因子的结合情况，通过筛选 DNA 文库获得与靶序列特异结合的蛋白质基因序列。大多数转录因子含有 DNA 结合结构域（DNA-bindingdomain，BD）和转录激活结构域（activation domain，AD），两结构域可独立发挥作用。据此设计携带有编码“靶蛋白”的文库质粒，将文库蛋白编码基因置换酵母原有转录因子 GAL4 的 DNA 结合结构域，并通过表达的“靶蛋白”与目的基因相互作用来激活 RNA 聚合酶，启动下游报告基因的转录。

该系统的优点是方法简单，仅需基因操作，无需蛋白质分离、纯化操作；筛选到的蛋白质是在体内相对天然条件下有结合功能的蛋白质，更能体现真核内基因表达调控的真实情况；表型和基因型结合，可直接获得基因；方法灵敏，可鉴定到以微弱亲和力相互结合的 DNA 和蛋白质。局限性表现为 DNA 与蛋白质的相互作用定位于核内，易产生假阳性和假阴性；某些与靶基因相互作用的蛋白质可能对酵母本身有毒性；不能研究与内源性酵母激活蛋白相互作用的结合位点。

酵母单杂交的基本操作过程：

（1）设计含目的基因（称为诱饵）和下游报告基因的质粒，并将其转入酵母细胞。

（2）将文库蛋白的编码基因片段与 GAL4 转录激活域融合表达的 cDNA 文库质粒转化入同一酵母中。

（3）若文库蛋白与目的基因相互作用，可通过报告基因的表达将文库蛋白的编码基因筛选出来。在这里作为诱饵的目的基因就是启动子 DNA 片段，文库基因所编码的蛋白就是启动子基因结合蛋白。

二、染色质免疫沉淀技术

染色质免疫沉淀技术（chromatin immunoprecipitation）简称CHIP技术，是研究体内蛋白质与DNA相互作用的一种技术。其基本原理是：在生理状态下把细胞内的DNA与蛋白质交联在一起，通过超声或酶处理将染色质切为小片段后，利用抗原抗体的特异性识别反应，将与目的蛋白相结合的DNA片段沉淀下来。

染色质免疫沉淀技术一般包括细胞固定、染色质断裂、染色质免疫沉淀、交联反应的逆转、DNA的纯化以及DNA的鉴定。

1. 细胞固定：一般使用甲醛进行固定和交联。甲醛终浓度为1%，交联时间通常为5分钟到1小时，具体时间根据实验而定。

2. 染色质断裂：固定交联后的染色质可被超声波或Micrococcal nuclease切成约500bp的片段，用琼脂糖凝胶电泳检测。目的是为了暴露目标蛋白，利于抗体识别。

3. 染色质免疫沉淀：在进行免疫沉淀前，首先需要取一部分断裂后的染色质做Input对照。目的是验证染色质断裂的效果，根据Input中靶序列的含量以及染色质沉淀中靶序列的含量，按照取样比例换算出CHIP的效率。

利用目的蛋白质的特异抗体通过抗原-抗体反应形成DNA-蛋白质-抗体复合物，然后使用Agarose beads或Magna beads沉淀其复合物，特异性地富集与目的蛋白质结合的DNA片段。再经过多次洗涤，除去非特异结合的染色质，用SDS和$NaHCO_3$洗脱免疫沉淀复合物。

染色质免疫沉淀所选择的目的蛋白质的抗体是CHIP实验成功的关键。只有经过CHIP实验验证后的抗体才能确保实验结果的可靠性。

在ChIP实验中，一定要做好实验对照。阳性抗体通常选择与已知序列相结合的、比较保守的蛋白抗体，常用组蛋白抗体或RNA Polymerase II抗体等。阴性抗体通常选择目的蛋白抗体宿主的

IgG 或血清。将目的蛋白抗体的结果与阳性抗体和阴性抗体的结果相比较，才能得出正确结论。另外，还应考虑目的蛋白抗体与 DNA 非特异性结合的可能，所以通常还会选择一对阴性引物，即目的蛋白肯定不会结合的 DNA 序列，作为该抗体的阴性对照。最佳的阴性对照引物是在靶序列上游的一段与目的蛋白肯定不能结合的序列。

4. 交联反应的逆转和 DNA 的纯化：用不含 DNase 的 RNase 和 Proteinase K，65℃保温 6 小时逆转交联，经 DNA 纯化柱回收 DNA 或用酚氯仿抽提、乙醇沉淀纯化 DNA。

5. DNA 的鉴定：最常用的 DNA 的鉴定方法是 PCR 和凝胶电泳。

三、凝胶阻滞试验

凝胶阻滞试验又叫 DNA 迁移率变动试验，是 20 世纪 80 年代初出现的用于在体外研究 DNA 与蛋白质相互作用的一种特殊的凝胶电泳技术。其方法简单、快捷，是当前被选作分离纯化特定 DNA 结合蛋白质的一种典型的实验方法。

凝胶阻滞试验的基本原理：在凝胶电泳中，由于电场的作用，裸露的 DNA 朝正电极移动的距离与其分子量的对数成反比，如果 DNA 分子已结合一种蛋白质，那么由于分子量加大，在凝胶中的迁移作用便会受到阻滞，朝正电极移动的距离也就相对缩短。所以当特定的 DNA 片段同细胞提取物混合后，若其在凝胶电泳中的移动距离变小，这就说明它已同提取物中的某种特殊蛋白质分子发生了结合作用。

凝胶阻滞试验方法（图 3-12）：

（1）用放射性同位素标记待检测的 DNA 片段（亦称探针 DNA）；

（2）标记的 DNA 片段同细胞蛋白质提取物一同温育；

（3）非变性的凝胶中电泳，控制使蛋白质仍与 DNA 保持结合

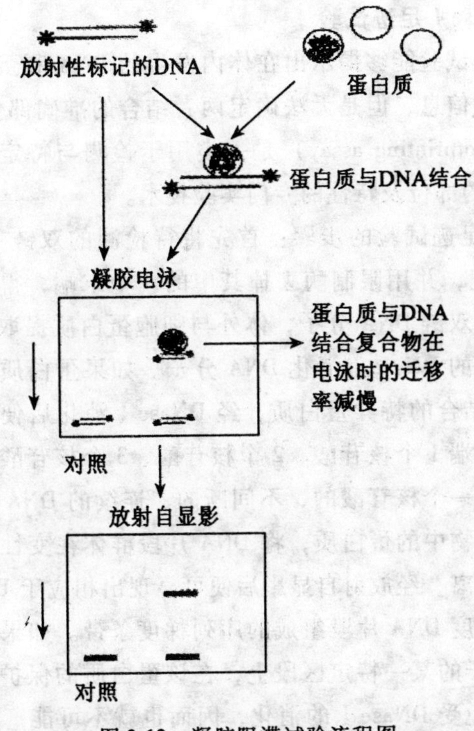

图 3-12 凝胶阻滞试验流程图

状态的条件下进行电泳分离；

(4) 放射自显影技术显现具放射性标记的 DNA 条带位置。

该实验的注意事项有以下几点：①高质量核蛋白的获得是实验的关键。实验中各个步骤均要求在冰上进行，同时缓冲液要求现用现配。②DNA 与蛋白质在体外结合的时间不宜过长，一般在 30 分钟左右，避免假阳性产生。③溴酚蓝会影响蛋白质与 DNA 之间的相互作用，建议只在阴性对照中加入溴酚蓝作为指示剂。④电泳时电压不宜过高，最好在冰上进行，避免电泳时产生的热量导致蛋白质与 DNA 的解离。

四、DNase Ⅰ 足迹试验

凝胶阻滞试验能够揭示出在体内发生的 DNA 和蛋白质之间相互作用的有关信息，但是无法确定两者结合的准确部位。DNase Ⅰ 足迹试验（footprinting assay）是一类用于检测与特定蛋白质结合的 DNA 序列的部位及特性的专门实验技术。

DNase Ⅰ 足迹试验的步骤：首先将待检测的双链 DNA 分子用 ^{32}P 作末端标记，并用限制酶去掉其中的一个末端，得到仅一条单链末端标记的双链 DNA 分子，体外与细胞蛋白质提取物混合。之后，加入少量的 DNase Ⅰ 消化 DNA 分子。如果蛋白质提取物中不存在与 DNA 结合的特异蛋白质，经 DNase Ⅰ 消化后便会产生出距放射性标记末端 1 个核苷酸、2 个核苷酸、3 个核苷酸等一系列前后长度仅相差一个核苷酸的、不间断的、连续的 DNA 片段梯度群体。去除混合物中的蛋白质，将 DNA 片段群体在变性聚丙烯酰胺凝胶上电泳分离，经放射自显影后便可显现出相应于 DNase Ⅰ 切割产生的不同长度 DNA 片段组成的序列梯度条带。如果有蛋白质结合到 DNA 分子的某一特定区段上，在该蛋白质的保护下，这一区段的 DNA 将免受 DNase Ⅰ 的消化，因而也就不可能产生出相应长度的切割条带。所以在电泳凝胶的放射自显影图片上，相应于蛋白质结合的部位是没有放射标记条带的，出现了一个空白的区域，人们形象地称为“足迹”（图 3-13）。

五、甲基化干扰实验（DMS 足迹实验）

硫酸二甲脂（DMS）足迹实验的原理：DMS 能够促进 DNA 中裸露的 G 甲基化，而六氢吡啶又会对甲基化的 G 残基作特异的化学切割。如果蛋白质同 DNA 分子中的某一区段结合，在它的保护下，区域内的 G 碱基将免受六氢吡啶的切割。于是在 DNA 片段的序列梯中，便不存在具有这些 G 残基末端的 DNA 片段，故出现空白区域——足迹。由于 DMS 足迹试验中被切割的是 G 残基，因此，

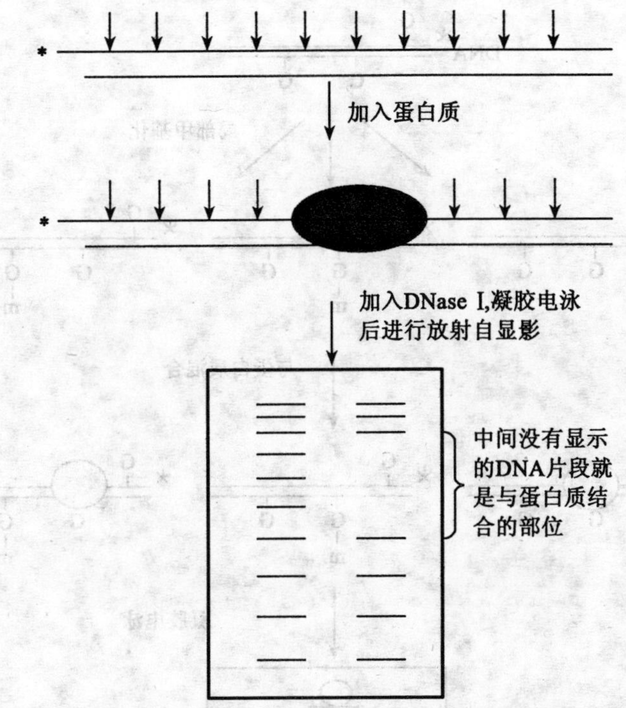

图 3-13 DNase I 足迹试验原理的图解

可用来鉴定同转录因子蛋白质结合的 DNA 区段中的特异碱基。

DMS 足迹实验的基本步骤：首先用硫酸二甲脂（DMS）处理靶 DNA，控制反应条件，使平均每条 DNA 分子只有一个 G 甲基化，然后将这些局部甲基化的 DNA 群体同蛋白质温育，并做凝胶阻滞试验。经电泳分离后，从凝胶中切取出具有结合蛋白质的 DNA 条带和没有结合蛋白质的 DNA 条带，并用六氢吡啶处理，于是甲基化的 G 残基被切割，非甲基化的 G 残基则不被切割。六氢吡啶只能切割没有同蛋白质结合的 DNA。图 3-14 显示的是该方法的基本原理和操作步骤。

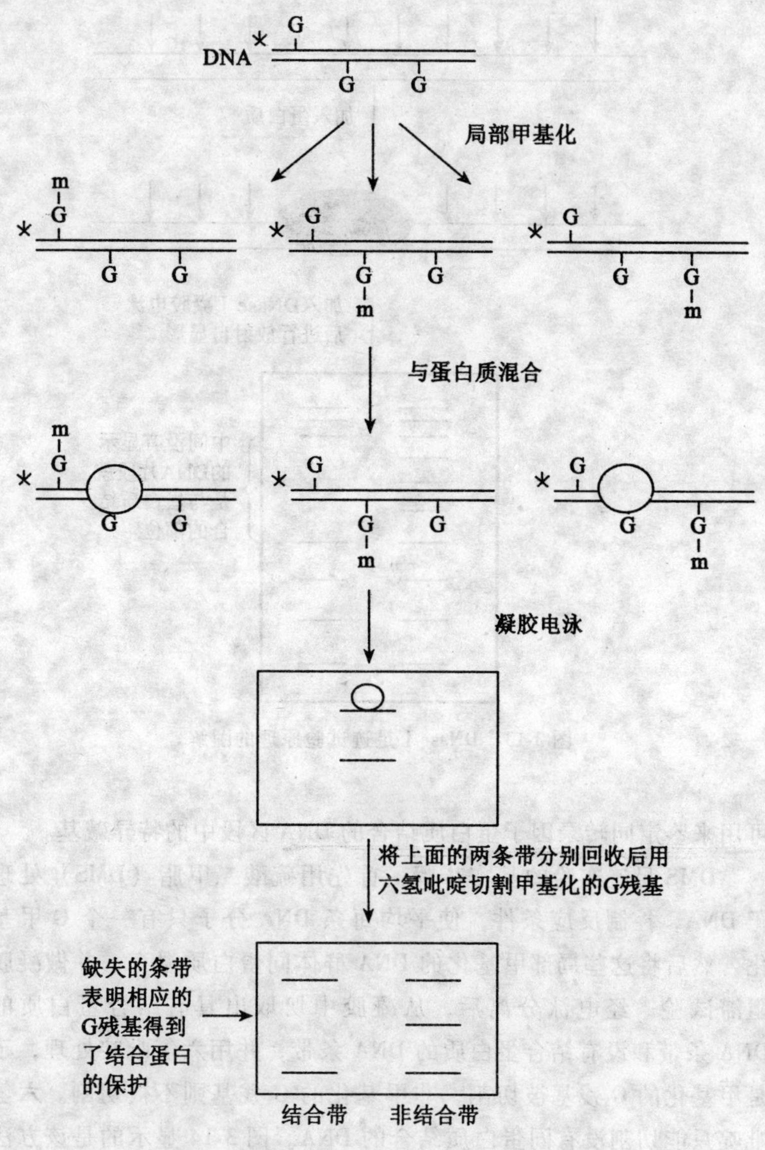

图 3-14　硫酸二甲脂（DMS）足迹实验图解

六、体内凝胶阻滞实验

体内凝胶阻滞实验的基本原理与 DMS 足迹实验原理相似。

体内凝胶阻滞实验的方法：用 DMS 处理完整的游离细胞，并使其渗透到细胞内的浓度恰好导致天然染色质 DNA 中的 G 残基发生甲基化。之后提取 DNA，并加入六氢吡啶作体外消化。结果是同蛋白质结合的 DNA 区段上的 G 残基不会被 DMS 甲基化，因而也就不会被六氢吡啶所切割。但是经体内足迹试验从染色质总 DNA 中所获得的任何一种特异 DNA 的数量都很少，需要通过 PCR 扩增才会获得足够数量的 DNA 样品。

在本节中将集中介绍 CHIP 技术在 DNA 与蛋白质相互作用研究中的应用。

实验三十　CHIP 技术

【实验目的】

1. 了解和掌握 CHIP 技术的基本原理和应用。
2. 掌握 CHIP 技术的基本操作步骤。

【实验原理】

染色质免疫沉淀技术（chromatin immunoprecipitation，CHIP）是研究体内蛋白质与 DNA 相互作用的一种技术。它利用抗原抗体反应的特异性，可以真实地反映体内蛋白因子与基因组 DNA 结合的状况。基本原理：在生理状态下把细胞内的 DNA 与蛋白质交联在一起，通过超声或酶处理将染色质切为小片段后，利用抗原抗体的特异性识别反应，将与目的蛋白质相结合的 DNA 片段沉淀下来。染色质免疫沉淀技术一般包括细胞固定、染色质断裂、染色质免疫沉淀、交联反应的逆转、DNA 的纯化以及 DNA 的鉴定。

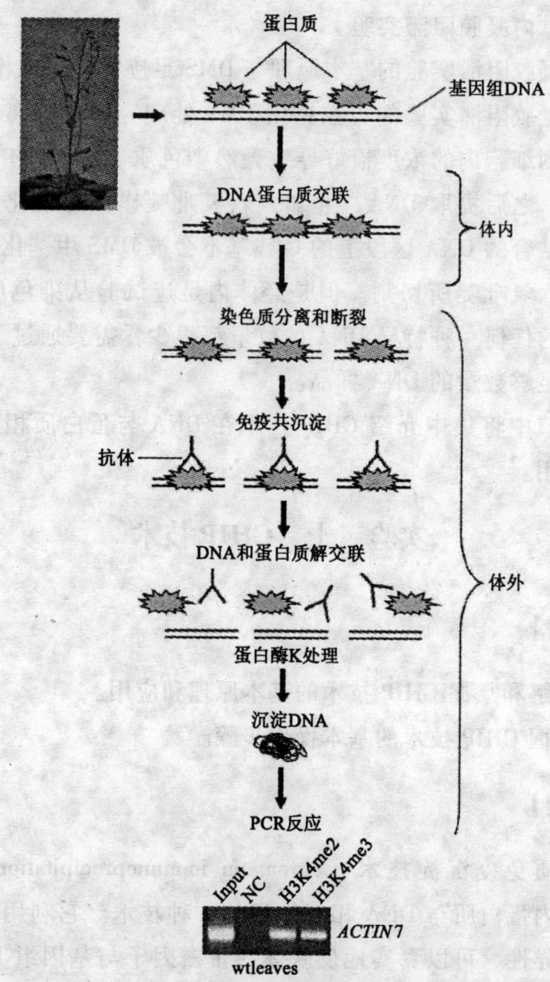

Input：阳性对照（基因组 DNA）；NC：阴性对照（没有抗体）；H3K4me2：Histone H3 Lys 4 dimethylation；H3K4me3：Histone H3 Lys4 trimethylation.

图 3-15 CHIP 技术基本原理和步骤（Saleh et al.，2008）

【药品试剂】

1. Cross-linking buffer：0.4mol/L sucrose，10mmol/L Tris-HCl pH 8，1mmol/L PMSF，1mmol/L EDTA，1% formaldehyde（甲醛）。

2. Nuclei isolation buffer：0.25mol/L sucrose，15mmol/L PIPES pH 6.8，5mmol/L $MgCl_2$，60mmol/L KCl，15mmol/L NaCl，1mmol/L $CaCl_2$，0.9% Triton X-100，1mmol/L PMSF，2mg/ml pepstatin A，2mg/ml aprotinin。

3. Nuclei lysis buffer：50mmol/L HEPES pH 7.5，150mmol/L NaCl，1mmol/L EDTA，1% SDS，0.1% sodium deoxycholate，1% Triton X-100，1mg/ml pepstatin A，1mg/ml aprotinin。

4. Elution buffer：0.5% SDS，0.1mol/L $NaHCO_3$。

5. Low salt wash buffer：150mmol/L NaCl，20mmol/L Tris-HCl pH 8，0.2% SDS，0.5% Triton X-100，2mmol/L EDTA。

6. High salt wash buffer：500mmol/L NaCl，20mmol/L Tris-HCl pH 8，0.2% SDS，0.5% Triton X-100，2mmol/L EDTA。

7. LiCl wash buffer：0.25mol/L LiCl，1% sodium deoxycholate，10mmol/L Tris-HCl pH 8，1% NP-40，1mmol/L EDTA。

8. TE buffer：1mmol/L EDTA，10mmol/L Tris-HCl pH 8。

9. 1mg/ml Pepstatin A：用甲醇溶解，保存在-20℃条件下。

10. Aprotinin：Prepare 1mg/ml stock solution in water. Make aliquots and store at -20℃.

11. Pre-equilibrated salmon sperm DNA/protein A agarose beads：取50μl单链鲱精DNA吸附的蛋白A珠子，4℃条件下，3800g离心2分钟后去上清液；加入50μl Nuclei lysis buffer后在4℃条件下混合2分钟，然后再4℃条件下，3800g离心2分钟。将处理后的蛋白A株子悬浮在50μl Nuclei lysis buffe中备用。

【实验方法】

一、交联（Cross-linking）（15~30分钟）

1. 取植物材料适量于50ml falcon tube中。一般不同器官取材量如下：2g花；4g叶片；4g茎；4g幼苗。

2. 加入37ml cross-lingking buffer到样品中，室温条件下真空处理10分钟。由于甲醛已渗透到植物细胞壁中，此时，植物材料应看起来呈半透明状。

3. 加入2.5ml 2mol/L甘氨酸，甘氨酸终浓度为100mmol/L，终止cross-linking，然后将材料在室温下继续真空处理5分钟。

二、染色质分离和断裂（Chromatin isolation and sonication）（60~70分钟）

1. 用双蒸水清洗处理过的植物材料3次，最后一次将植物材料放在滤纸上，尽量去除水分，然后用液氮速冻。

2. 将植物材料在液氮中充分研磨。

3. 向研磨好的植物材料中加入25ml预冷的nuclei isolation buffer。

4. 轻微振动混匀样品，然后将样品置于冰上15~30分钟，使样品均一化。

5. 用4层粗棉布过滤上述样品，然后在4℃条件下，11000g离心20分钟。

6. 去掉上清液，将沉淀重悬在2ml预冷的nuclei lysis buffer中。

7. 将重悬后的样品平均分装到4个1.5ml离心管中。将离心管置于冰上，用超声波处理样品，使DNA断裂成为大小500bp左右的片段（200~1000bp）。

8. 4℃条件下，13000g离心10分钟。

9. 将4支1.5ml离心管中的上清液收集到一起备用，-70℃可保存3个月。

10. 电泳检测超声波处理结果。

三、免疫共沉淀（Immunoprecipitation）（18~19小时）

1. 取上述超声波处理的样品100μl，用lysis buffer稀释10倍。

2. 加入50ml salmon sperm DNA/protein A agarose beads（经过预处理），在4℃条件下轻摇1小时。

3. 4℃条件下，3800g离心2分钟后沉淀琼脂糖珠子。（2~3步用于清除内源性结合的抗体）

4. 将上清液吸入到新的离心管中，加入适当的抗体5μl，在4℃条件下，轻摇5小时或者过夜。

5. 加入60~75μl salmon sperm DNA/protein A agarose beads（预处理），在4℃条件下，继续孵育2小时。

6. 4℃条件下，3800g离心2分钟后沉淀琼脂糖珠子。

7. 4℃条件下清洗琼脂糖珠子。第一次用1ml low salt wash buffer清洗5分钟；第二次用high salt wash buffer清洗5分钟；第三次用LiCl wash buffer清洗5分钟；最后用TE buffer清洗两次，每次5分钟。每次清洗后，在4℃条件下，3800g离心2分钟收集琼脂糖珠子。

8. 从琼脂糖珠子上面洗脱结合的免疫复合物。加入250μl新鲜配制的elution buffer，在室温条件下轻摇15分钟。

9. 在4℃条件下，3800g离心2分钟，将上清液转移到新的离心管中。

10. 重复上述洗脱步骤8~9。第二次洗脱时在室温下轻摇30分钟，确保洗脱干净。

11. 将两次洗脱产物混合。加入450μl elution buffer于50μl超声波处理后的样品中，混合后作为input control（阳性对照）。

四、解交联和蛋白质降解（Reverse cross-linking and protein digestion）（5-6 小时）

1. 向每个离心管中加入 20μl 5mol/L NaCl，在 65℃孵育至少 4 小时（或者过夜）。

2. 向每个离心管中分别加入下述溶液：10μl 0.5mol/L EDTA，20μl 1mol/L Tris-HCl（pH 6.5），1μl 20mg/ml proteinase K，然后混匀，在 45℃条件下处理 1.5 小时消化蛋白。

五、DNA 沉淀（DNA precipitation）（2 小时）

1. 加入 500μl 酚：氯仿：异戊醇混合液，轻轻混匀。

2. 4℃条件下，13800g 离心 15 分钟。然后将上清液转移到 2ml 离心管中。

3. 向离心管中加入下述溶液：2.5 倍体积 100% 乙醇，1/10 倍体积 3mol/L 乙酸钠（pH 5.2），4μl 20mg/ml 糖原，混匀后在 -80℃沉淀 DNA 1 小时左右。

4. 4℃条件下，13800g 离心 15 分钟。

5. 弃上清液后，用 500μl 70% 乙醇清洗沉淀，4℃条件下，13800g 离心 10 分钟。

6. 弃上清液后将沉淀在室温下干燥。

7. 沉淀溶解在 50μl TE 中，保存在-80℃。

六、DNA analysis

在琼脂糖胶中电泳，分析电泳结果。

【思考题】

简述 CHIP 技术的基本原理以及实验过程中的注意事项。

第六节　蛋白质相互作用的研究方法

蛋白质相互作用存在于机体每个细胞的生命活动过程中，生物学中的许多现象如复制、转录、翻译、剪切、分泌、细胞周期调控、信号转导和中间代谢等均受蛋白质相互作用的调控。由于蛋白质间相互作用具有如此重大的意义，因此，其检测方法的研究也备受重视。由生化方法，如蛋白质亲和层析（protein affinity chromatography）、亲和印迹（affinity blotting）、免疫沉淀（immunoprecipitation）及交联（cross-linking），发展到当今的分子生物学方法，如以基因文库为基础的蛋白质探测（protein probing）、噬菌体显示（phage display）及双杂交系统（two-hybrid system）等。另外，还发展了可定性和定量检测蛋白质间相互作用的简便又快捷的方法，如表面胞质团共振（surface plasmon resonance）等。通过这些方法的联合使用，由实验得出的蛋白质间相互作用的结论显得更为可靠。

现将蛋白质相互作用研究方法总结如下，在具体实验中可以根据需要选择合适的方法进行分析。

1. 细菌双杂交系统：在原理上与酵母双杂交系统相同（图3-16）。通过将研究的目的蛋白质分别与DNA结合域与活化域融合，利用蛋白质之间的相互作用，使得活化域与DNA结合域结合，从而调控报告基因的表达。报告基因的表达可以通过生化或者遗传学的方法进行检测。

该方法是继酵母双杂交系统和哺乳动物双杂交系统之后，产生的另一种直接与细胞内检测蛋白质相互作用的遗传性新方法。这种方法的优点是研究周期短，操作简单，能够产生容量更大的文库，同时假阳性率和假阴性率均较低。此外，对于一些真核的蛋白质可能对酵母细胞产生毒害，但是在细菌中将会降低这种可能性。

具体操作方法见实验手册：BacterioMatch II. Two-Hybrid System XR Plasmid cDNA Library Instruction manual。

2. 酵母双杂交系统：一种在酵母细胞内分析蛋白质相互作用的技术。实验原理见本节实验三十一和图3-17。

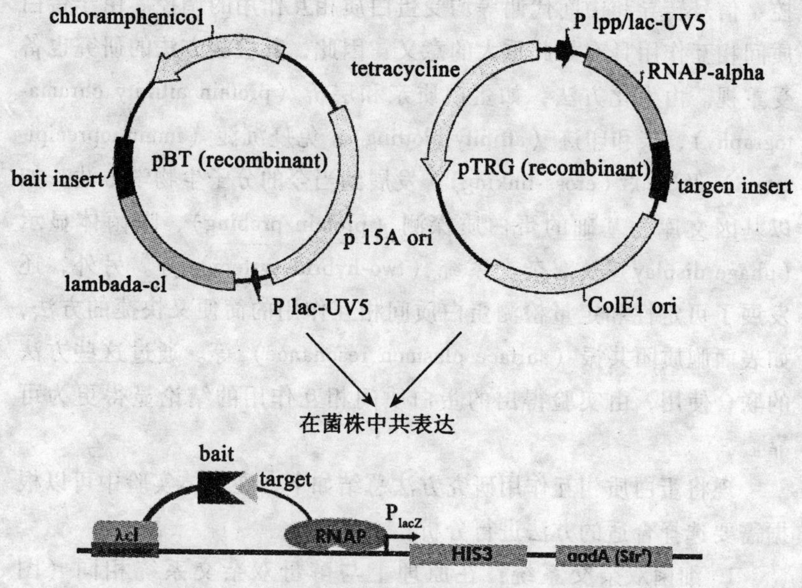

图 3-16　细菌双杂交系统的构建和原理图谱
(http://www.genomics.agilent.com/files/Manual/982000.pdf)

3. GST PULL-DOWN：通过与 GST 融合蛋白相互作用从可溶性蛋白质库中亲和纯化一个未知蛋白质，再通过 GST 与谷光苷肽偶联球珠的结合收集相互作用蛋白质，从而分离出蛋白质复合物(图 3-18)。

4. 体内共表达-共纯化：在原理上与 GST PULL-DOWN 类似。将要鉴定的两个基因分别克隆到两个含有不同标签的载体中，然后在大肠杆菌中共表达，可以采用类似 GST-PULL-DOWN 的方法鉴定他们之间的相互作用。

5. 免疫共沉淀：当细胞在非变性条件下裂解时，完整细胞内许多蛋白质之间的结合保持下来，因而，可以据此检测生理条件下

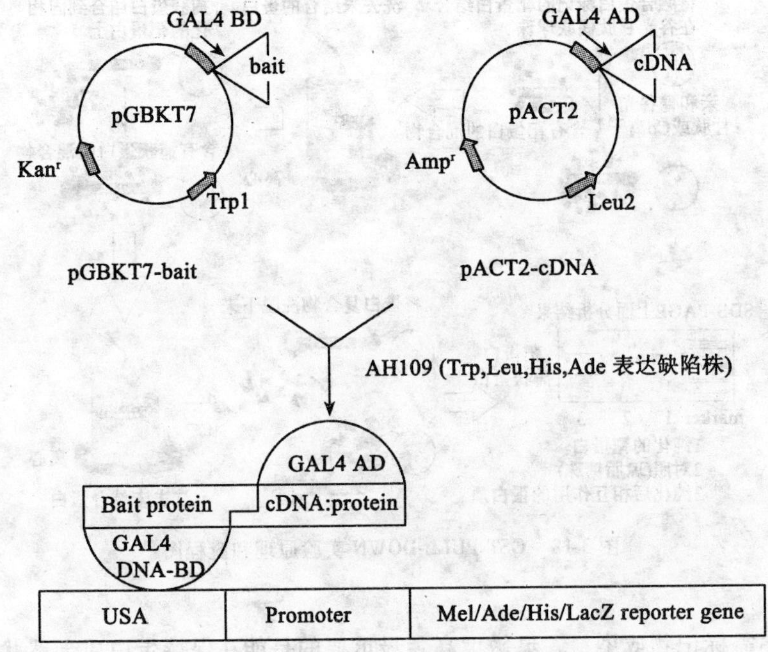

图 3-17 酵母双杂交系统原理图谱

相关蛋白质间的相互作用。如果蛋白质 X 用其抗体免疫沉淀，在细胞内与 X 稳定结合的蛋白质 Y 也可能沉淀下来。蛋白质 Y 的沉淀是基于与 X 的物理相互作用，被称为免疫共沉淀（图 3-19，本节实验三十二）。

6. SPR 技术：表面等离子体共振技术是研究蛋白质之间相互作用的一种全新的技术手段。该技术利用表面等离子体共振现象和 SPR 谱峰对金属表面上电介质变化敏感的原理，将受体蛋白固定在金属膜上，检测受体蛋白与液相中配体蛋白的特异性结合。SPR 技术为蛋白质组研究开辟了全新的模式，其特点是测定快速、安全、

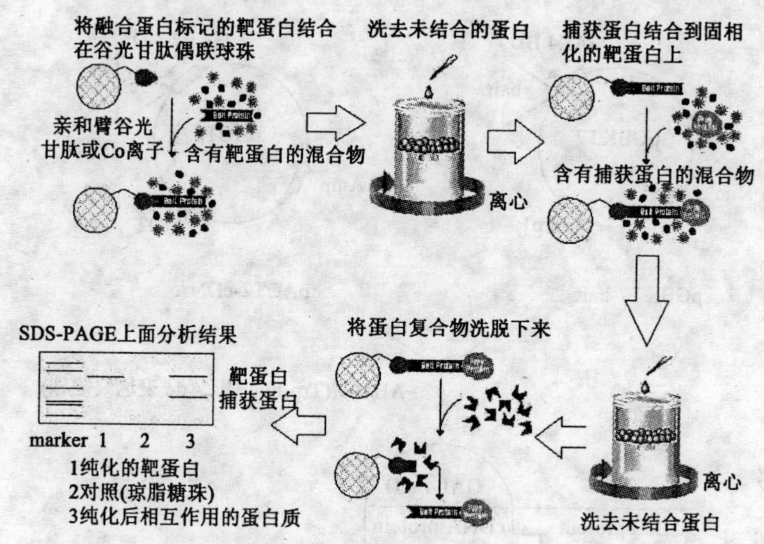

图 3-18　GST PULL-DOWN 实验原理和流程图

不需标记物或染料，灵敏度高，最重要的是能在保持蛋白质天然状态的情况下实时提供靶蛋白的细胞器分布、结合动力学及浓度变化等功能信息。SPR 技术除应用于检测蛋白质间的相互作用外，还可检测蛋白质与核酸及其他生物大分子之间的特异性相互作用。

7. 噬菌体展示技术：将编码噬菌体外壳蛋白的基因上连接一个单克隆抗体的基因序列。当噬菌体生长时，表面就会表达出相应的单抗。将噬菌体过柱，检测单抗与柱上目的蛋白的特异性结合。噬菌体展示技术具有简便、高通量的优点。噬菌体文库中的编码蛋白均为融合蛋白，可能改变了天然蛋白质的结构和功能，其体外检测的相互作用可能与体内不符。

8. 荧光共振能量转移（fluorescent response energy transfer）：该方法是比较分子间距离与分子直径的有效工具，可以定量测量两个

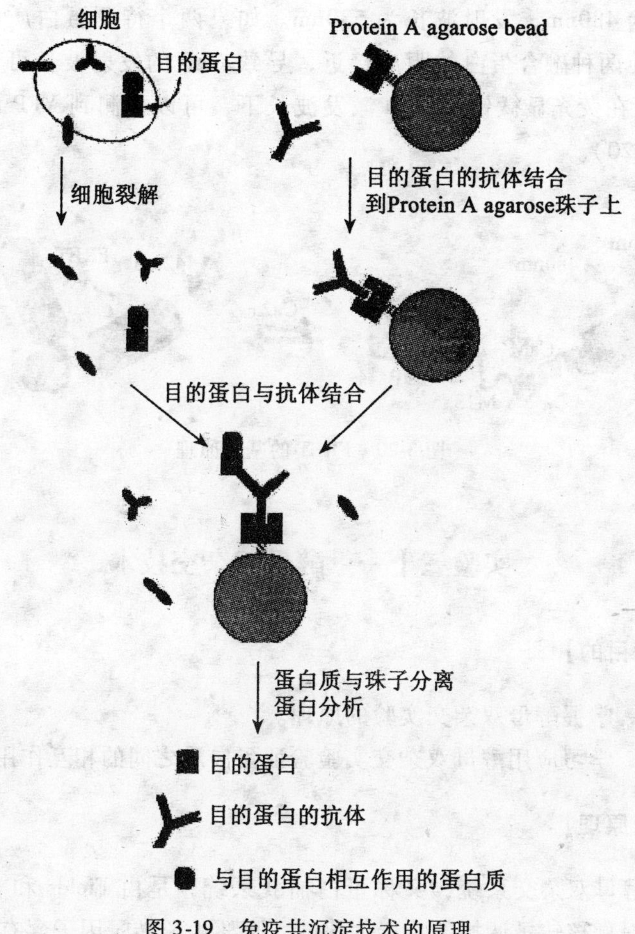

图 3-19 免疫共沉淀技术的原理

发色基团之间的距离，在蛋白质空间构象、蛋白质相互作用、核酸与蛋白质相互作用以及其他分子间距的研究领域得到了广泛应用。

将待分析的两种蛋白质分别与 CFP 和 YFP 构建成融合表达蛋白。构建好的质粒可以转入植株中，也可以转入细胞系中进行分析。CFP 的激发波长是 442nm，发射波长是 480nm；而 YFP 的激发波长为 480nm，发射波长为 530nm。如果两个待测蛋白质相互作用，使两种融合蛋白的距离接近，导致 CFP 的发射波长可以激发 YFP，在荧光显微镜 442nm 激发波长下，可以检测到 YFP 的荧光（图 3-20）。

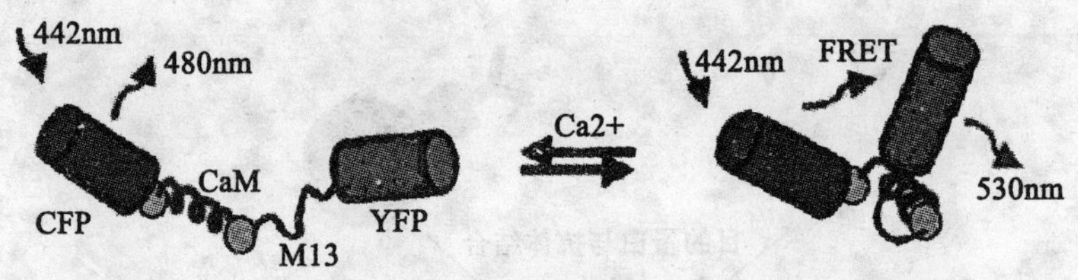

图 3-20　FRET 的基本原理

实验三十一　酵母双杂交技术

【实验目的】

1. 掌握酵母双杂交实验的原理。
2. 学习应用酵母双杂交实验验证蛋白质之间的相互作用。

【实验原理】

酵母双杂交系统，又称蛋白捕获系统，是由 Fields 和 Song 等人根据真核转录调控的特点创建的。真核生长转录因子含有两个不同的结构域：DNA 结合结构域（DNA binding domain，BD）和 DNA 转录激活结构域（transcription-activating domain，AD）。BD 识别 DNA 上的特异序列，并使转录激活结构域定位于所调节基因的上游；AD 与转录复合体其他成分作用，从而启动所调节基因的转录。二者连接区在适当部位打开，可使 BD 与 AD 分离，而且两结构域可重建转录因子发挥转录激活作用。将拟研究的靶蛋白（prey）基因与AD序列结合，编码另一蛋白——诱饵蛋白（bait）的基因与DNA的BD序列结合，形成两段融合基因。在构建融合基因时，靶蛋白或诱饵蛋白与结构域基因必须在阅读框架内融合（不破坏各自的密码子）。当这两段融合基因在同一菌株内表达，靶蛋白与诱饵蛋白在核内相互作用时，才能重新形成一个完整的有活性的转录因子，从而激活报告基因的转录。所以根据报告基因表达与否，即可判断靶蛋白与诱饵蛋白之间是否作用。该系统中常用的两个质粒如图3-21所示。

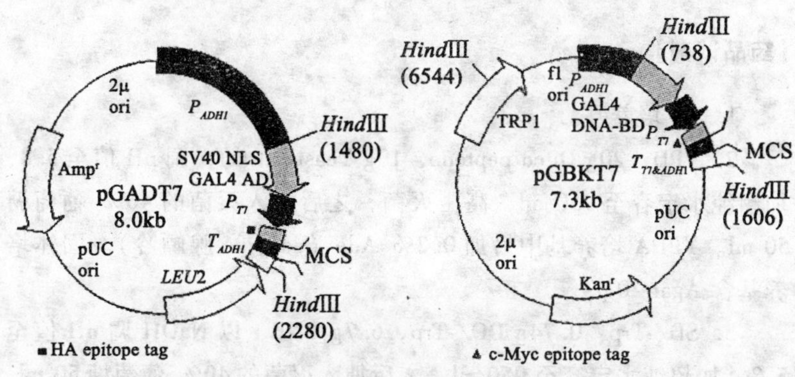

图3-21 酵母双杂交中使用的质粒

酵母双杂交技术应用于检验蛋白质间的相互作用、分析蛋白质相互作用的结构域以及发现新的作用蛋白质。在研究特定的基因功能、信号传导、代谢途径中，蛋白质相互作用的关系网络的研究发挥着重要的作用。

常规的酵母双杂交实验对于检测膜蛋白的相互作用有局限性，一种可用于膜蛋白的酵母双杂交系统USPS（ubiquitin-based split-protein sensor）应运而生（Fashena et al.，2000）。

【实验材料】

1. 菌株：*E. coli* DH5α，Y1090，DH10B。

2. 酵母双杂交系统：MATCHMAKER Two-Hybrid System 3 试剂盒购自 CLONTECH 公司。包括 GAL4 DNA 结合域表达载体 pGBKT7，带有 Kan 抗性和 Trp 选择标记；GAL4 DNA 激活域表达载体 pGADT7，带有 Amp 抗性和 Leu 选择标记；自激活阳性对照质粒 pCL1，带有 Amp 抗性和 Leu 选择标记；自激活阴性对照质粒 pGBKT7-lam，带有 Kan 抗性和 Trp 选择标记（图 3-21）。酵母菌株 AH109，酵母菌株 Y187。

【药品试剂】

1. LB 培养基。

2. YPD：20g Difco peptone，10g Yeast extract，调 pH 值至 5.8，加超纯水定容至 950 ml，高压灭菌，之后加入灭菌的 40% 葡萄糖 50 ml。YPDA 培养基中另加 0.2% Ade（adenine 腺嘌呤）。固体培养基含 Agar 20g/L。

3. SD/-Trp：0.74g DO/-Trp，6.7g YNB，以 NaOH 调 pH 值至 5.8，加超纯水定容至 950 ml，之后加入灭菌的 40% 葡萄糖 50 ml。固体培养基含琼脂粉 20g/L。

4. SD/-Leu：0.69g DO/-Leu，6.7g YNB，以 NaOH 调 pH 值至 5.8，加超纯水定容至 950 ml，之后加入灭菌的 40% 葡萄糖 50 ml。固体培养基含琼脂粉 20g/L。

5. SD/-Trp-Leu：0.64g DO/-Trp-Leu，6.7g YNB，以 NaOH 调 pH 值至 5.8，加超纯水定容至 950 ml，之后加入灭菌的 40% 葡萄糖 50 ml。固体培养基含 Agar 20g/L。

6. SD/-Trp-Leu-His-Ade：0.6g DO/-Trp-Leu-His-Ade；6.7g YNB 以 NaOH 调 pH 值至 5.8，加超纯水定容至 950ml，之后加入

灭菌的40%葡萄糖50ml。固体培养基含琼脂粉20g/L。

7. 酵母转化使用液：

10×TE buffer：0.1 mol/L Tris·Cl，10 mmol/L EDTA，pH 7.5。

10× LiAc：1mol/L LiAc，用醋酸调pH值到7.5。

50% PEG3350：取50g PEG3350溶于60 ml超纯水中，加热溶解，定容到100ml。

以上溶液高压灭菌。

8. 酵母裂解液：2% Triton X-100，1% SDS，100mmol/L NaCl，10mmol/L Tris-Cl（pH 8.0），1mmol/L EDTA。

9. β-半乳糖苷酶活性检测所用试剂：

Z buffer：16.1g/L $Na_2HPO_4 \cdot 7H_2O$，5.50g/L $NaH_2PO_4 \cdot H_2O$，0.75g/L KCl，0.246g/L $MgSO_4 \cdot 7H_2O$，调pH值至7.0，高压灭菌。

X-gal储存液：以DMF为溶剂溶解X-gal配成50mg/ml的溶液，-20℃条件下避光保存。

Z buffer/X-gal溶液：100ml Z buffer，0.27 ml β-巯基乙醇，0.668 mL X-gal储存液。

【实验方法】

一、载体构建

将编码待检测蛋白的基因分别构建到pGBKT7和pGADT7上（方法参见分子生物学实验）。

二、自激活实验

以酵母菌AH109为受体菌，采用LiAc法分别转化自激活阳性对照质粒PCL1、阴性对照质粒pGBKT7-lam、诱饵蛋白重组质粒pGBKT7-gene。将转化的菌体分别涂布相应的SD-Leu或SD-Trp平板，生长2~3天，分别挑取酵母转化子至SD-His平板做组氨酸营养型检测或至滤纸片上，进行β-半乳糖苷酶活性检测。含有pCLl

的转化子在很短的时间内变为蓝色，含有 pGBKT7-lam 和 pGBKT7-gene的转化子在 8 小时之内没有颜色改变。而在 SD-His 平板上，除了 PCL1 转化子外，其他菌株都不能生长，这一结果表明待测基因没有自激活特性，可以作为诱饵蛋白进行。

三、酵母感受态细胞的制备和 LiAc 介导的质粒 DNA 转化

1. 挑取几个直径 2～3mm 的酵母克隆至 5ml YPD 或 SD 培养基中，30℃，200r/min 过夜培养。

2. 将其转接到含有 50mL 相应的培养基中，30℃ 培养 3～5 小时，室温条件下，1000r/min 离心 5 分钟收集菌体，弃上清液。

3. 沉淀加入 25～50ml 灭菌水重悬，室温，1000g 离心 5 分钟，弃上清液，以新鲜配制的 1×TE/LiAc 溶液（体积比 10×TE：10×LiAc：H_2O = 1：1：8）重悬细胞沉淀，即制成酵母感受态细胞。

4. 在 1.5ml 离心管中加入 0.1μg 质粒 DNA 和 1μg 鲑精 DNA（鲑精 DNA 使用前用沸水煮 10 分钟后快速置于冰浴），混匀。

5. 加入 0.1ml 酵母感受态细胞，混匀，再加入 0.6 ml 灭菌的 PEG/LiAc 溶液（体积比 10×TE：10×LiAc：50% PEG4000 = 1：1：8），高速振荡 10 秒以混匀。

6. 之后，30℃ 条件下，200r/min 培养 30 分钟，加入 70μl DMSO，42℃ 水浴热击 15 分钟，再置于冰上冷却 1～2 分钟，14000r/min 室温离心 5 秒钟，去上清液。

7. 沉淀用 200μl 灭菌水重悬后涂布带有相应选择标记的缺失平板上，30℃ 倒置培养。

四、报告基因的检测

1. LacZ 报告基因的检测：采用 β-半乳糖苷酶活性检测：将在缺失平板上生长的酵母菌落用无菌牙签挑到一张干净的滤纸上，菌落面朝上，置于液氮中 10 秒，室温解冻后，将滤纸放入事先浸泡于 Z buffer/X-gal 溶液中的另一张干净的滤纸上，30℃ 孵育，观察菌落是否出现蓝色，以 8 小时之内出现蓝色为阳性，没有颜色变化的为阴性。

2. His3 报告基因的检测：将生长的酵母克隆，用无菌牙签画线转接于不含 His C（SD/His）的营养缺陷型平板上，30℃培养 3 ~4 天，观察菌落生长情况。

3. Ade2 报告基因的检测：将生长的酵母克隆，用无菌牙签画线转接于不含 Ade（SD/Ade）的营养缺陷型平板上，30℃培养 3 ~ 4 天，观察菌落生长情况。

【思考题】

1. 酵母双杂交的原理如何？
2. 酵母双杂交实验有哪些优缺点？

实验三十二　免疫共沉淀技术

免疫共沉淀（co-immunoprecipitation）是以抗体和抗原之间的专一性作用为基础的用于研究蛋白质相互作用的经典方法，是确定两种蛋白质在完整细胞内生理性相互作用的有效方法。其优点为：①相互作用的蛋白质都是经翻译后修饰的，处于天然状态；②蛋白的相互作用是在自然状态下进行的，可以避免人为的影响；③可以分离得到天然状态的相互作用蛋白复合物。其缺点为：①可能检测不到低亲和力和瞬间的蛋白质-蛋白质相互作用；②两种蛋白质的结合可能不是直接结合，而可能有第三者在中间起桥梁作用；③必须在实验前预测目的蛋白质是什么，以选择最后检测的抗体，所以，若预测不正确，实验就得不到结果，方法本身具有冒险性。

【实验目的】

1. 掌握免疫共沉淀的原理。
2. 掌握免疫共沉淀技术研究蛋白质相互作用的一般步骤。

【实验原理】

当细胞在非变性条件下被裂解时，完整细胞内存在的许多蛋白质-蛋白质间的相互作用被保留下来。如果用蛋白质 X 的抗体免疫沉淀 X，那么与 X 在体内结合的蛋白质 Y 也能沉淀下来。这种方法常用于测定两种目标蛋白质是否在体内结合；也可用于确定一种特定蛋白质新的作用。

【药品试剂】

1. Grinding buffer：50mmol/L Tris （pH 7.5），150mmol/L NaCl，10mmol/L $MgCl_2$，0.1% NP-40，1mmol/L PMSF 和 1×Complete protease inhibitors（Roche）。

2. 2×sample buffer for SDS-PAGE。

3. Protein A-sepharose 4B Fast Flow beads（Sigma-Aldrich）。

4. PBS（pH 7.4）。

5. 硼砂溶液（0.2mol/L 硼砂溶解在 PBS，pH9.0）。

6. Coupling solution：4.5ml 硼砂溶液和 45mg dimethylpimelidate（40mmol/L）。

7. 乙醇胺溶液：0.2mol/L 乙醇胺溶解在 PBS 中，pH9.0。

【实验方法】

操作参照《拟南芥实验手册》（Weigel and Glazebrook，2004）。

一、细胞抽提物的准备

1. 在微量离心管中将 200mg 组织材料在液氮中研磨。

2. 加入 200μl Grinding buffer 后继续研磨直到溶液清亮。

3. 在 4℃条件下，以最大速度离心 10 分钟，将上清液转移到新的离心管中。

4. 再次在4℃条件下，以最大速度离心5分钟，将上清液转移到新的离心管中。

5. 取上清液10μl，加入10μl 2×sample buffer for SDS-PAGE，在95℃下变性4分钟，然后保存于-20℃，备用。

二、抗原-抗体复合物偶联到protein A琼脂糖珠

1. 取100μl protein A琼脂糖珠到微量离心管中。

2. 用PBS清洗protein A琼脂糖珠3次，每次清洗后在3000r/min离心5分钟使得protein A琼脂糖珠沉淀下来。

3. 加入适量抗体，如0.2mg纯化后的抗体或者200μl血清，并将体积调节到500μl。

4. 在室温条件下缓慢摇晃孵育2小时，使抗体与protein A琼脂糖珠偶联。

5. 免疫沉淀反应后，在4°C以3000r/min速度离心5分钟，将琼脂糖珠离心至管底。

6. 将上清液小心吸去，在室温条件用1ml硼砂溶液洗琼脂糖珠2次，3000r/min离心5分钟，将琼脂糖珠离心至管底。

7. 加入1ml Coupling solution，室温缓慢摇晃孵育30分钟。

8. 3000r/min离心5分钟，将琼脂糖珠离心至管底。然后，用0.2mol/L乙醇胺洗琼脂糖珠2次。

9. 将琼脂糖珠中加入1ml 0.2mol/L乙醇胺溶液缓慢摇晃，孵育2小时，中止coupling反应。3000r/min离心5分钟，将琼脂糖珠离心至管底。

10. 用1ml PBS溶液洗琼脂糖珠2次，3000r/min离心5分钟，将琼脂糖珠离心至管底。有时需要再用100mmol/L甘氨酸（pH3.0）清洗琼脂糖珠2次，以去除没有结合到琼脂糖珠上的IgG。

11. 将200μl抗体结合的琼脂糖珠加入到上一步获得的细胞裂

解液中，缓慢摇晃孵育3～4小时。

三、免疫复合物的亲和纯化

1. 将其上孵育的琼脂糖珠用1ml grinding buffer清洗3次，每次以3000r/min离心5分钟回收琼脂糖珠。

2. 加20μl 2×sample buffer到回收的琼脂糖珠中，在95℃下变性4分钟，在离心机上以最大转速离心30秒沉淀琼脂糖珠。将上清液吸出，短期保存于-20℃备用；如果需要长期保存，放置于-70℃中。

3. 取10μl上述样品和10μl全蛋白质样品，SDS-PAGE电泳之后进行Western blot分析。

【注意事项】

1. 细胞裂解采用温和的裂解条件，不能破坏细胞内存在的所有蛋白质-蛋白质间相互作用，多采用非离子变性剂（NP 40或Triton X-100）。每种细胞的裂解条件是不一样的，可通过经验确定。不能用高浓度的变性剂（0.2% SDS），细胞裂解液中要加各种酶抑制剂，如商品化的cocktailer。

2. 使用明确的抗体，可以将几种抗体共同使用。

3. 使用对照抗体。单克隆抗体：正常小鼠的IgG或另一类单抗；兔多克隆抗体：正常兔IgG。

4. 确保共沉淀的蛋白质是由所加入的抗体沉淀得到的，而并非外源非特异蛋白，单克隆抗体的使用有助于避免污染的发生。

5. 要确保抗体的特异性，即在不表达抗原的细胞溶解物中添加抗体后不会引起共沉淀。

6. 确定蛋白质间的相互作用是发生在细胞中，而不是由于细胞的溶解才发生的，这需要进行蛋白质的定位来确定。

【思考题】

1. 简述免疫共沉淀的原理。

2. 试设计实验，通过 Co-IP 证明两个蛋白质之间的相互作用。

第四部分　植物组织培养技术

植物组织培养是指通过无菌操作分离植物体的一部分（外植体，explant），接种到培养基上，在人工控制的条件下（包括营养、激素、温度、光照和湿度等）进行培养，使其产生完整植株的过程。外植体主要有原生质体（protoplast）、悬浮细胞和组织、器官（胚、花药、子房、根、茎和叶）等。愈伤组织（callus）是指在人工培养条件下，原已分化并停止生长的植物细胞重新恢复分裂能力，形成一团无序生长的、无特定结构的细胞团。由已分化的细胞恢复分裂能力的这一过程称为脱分化（dedifferentiation）。在一定条件下，由已脱分化的细胞重新分化形成不定芽、不定根、胚状体等器官，这一过程称为再分化（redifferentiation）。植物激素在脱分化和再分化过程中起着重要的作用。

植物组织培养的意义：

1. 基础理论研究：实验体系具有准确性和可重复性，可广泛用于细胞分化、生理生化功能、基因功能等方面的理论研究。

2. 应用研究：可用于无性快速繁殖系的生产、试管苗的商品化、遗传育种、种质保存、克服远缘杂交、种质资源创新以及获得转基因植株。

实验三十三　植物培养基的配制

【实验目的】

1. 了解植物组织培养基的组分及其作用。

2. 学习和掌握植物组织培养基的配制方法。

【实验原理】

培养基是植物组织培养中离体组织赖以生存和发育的基本条件。大多数培养基的成分是由无机盐、有机化合物（碳源、维生素、肌醇、氨基酸等）、生长调节物质、水分和其他附加物等五大类物质组成。

无机盐类由大量元素和微量元素两部分组成。大量元素中，氮源通常有硝态氮或/和铵态氮，但在培养基中多用硝态氮，也可将硝态氮和铵态氮混合使用；磷和硫常用磷酸盐和硫酸盐来提供；钾是培养基中主要的阳离子；钙、钠、镁的需要量较少。微量元素包括碘、锰、锌、钼、铜、钴和铁。培养基中的铁离子，大多以螯合铁的形式存在，即 $FeSO_4$ 与 Na_2-EDTA（螯合剂）的混合。

有机化合物包括碳源、维生素、肌醇、氨基酸等。培养中植物组织和细胞的光合作用较弱，因此，需要在培养基中附加一些碳水化合物以供营养需要。培养基中的碳水化合物通常为蔗糖。蔗糖除作为培养基内的碳源和能源外，对维持培养基的渗透压也起着重要作用。在培养基中加入维生素有利于细胞的分裂和生长。一般包括维生素 B1、维生素 B6、烟酸、生物素、叶酸、泛酸钙和维生素 C。肌醇在糖类的相互转化、维生素和激素的利用等方面具有重要的促进作用。

常用的植物生长调节物质包括以下三类：①生长素类：吲哚乙酸（IAA）、萘乙酸（NAA）、2，4-二氯苯氧乙酸（2，4-D）等。②细胞分裂素：玉米素（ZT）、6-苄基嘌呤（6-BA 或 BAP）和激动素（KT）。③赤霉素：组织培养中使用的赤霉素只有一种，即赤霉酸（GA_3）。

培养基中的其他附加物包括人工合成和天然的有机附加物。其中，最常用的有酪朊水解物、酵母提取物和椰子汁等。琼脂作为培养基的支持物，也是最常用的有机附加物，它可以使培养基呈固体状态，以利于组织和细胞培养。

植物组织培养是否成功，在很大程度上取决于培养基的选择。不同培养基具有不同的成分和含量，具有不同的特点，适合于不同的植物种类和材料的培养。具体的培养基配方见附件。

目前普遍使用的是MS培养基。MS培养基是1962年穆拉希吉克（T. Murashige）和斯科克（F. Skoog）为培养菸草材料而设计的。它具有较高的无机盐浓度，对保证组织生长所需的矿质营养和加速愈伤组织的生长十分有利。MS固体培养基可用来诱导愈伤组织，或用于胚胎、茎段、茎尖及花药培养等，其液体培养基用于细胞悬浮培养时能获得明显效果。一般情况下，无需添加氨基酸、酪蛋白水解物、酵母提取物及椰子汁等有机附加成分。MS培养基的硝酸盐、钾和铵的含量略高于其他培养基，也是它被普遍使用的原因之一。

B5培养基的主要特点是含有较低的铵，因为铵可能对某些培养物的生长具有抑制作用。

N6培养基特别适合于禾谷类植物以及花药和花粉培养。

在组织培养中，经常采用的还有While培养基（1963）、Nitsch培养基（1951）、Km8p培养基（1977）等。While培养基由于无机盐的含量较低，适合木本植物和根的组织培养；Km8p培养基的营养成分丰富，适合于植物原生质体培养。

在配制培养基前，为了使用方便和用量准确，常常将大量元素、微量元素、铁盐、有机化合物、激素类等分别配制成比培养基配方含量大若干倍的母液。当配制培养基时，只需要按预先计算好的量吸取母液即可。

【实验器材】

分析天平（精确度为0.0001g）、天平（精确度为0.01g）、烧杯（500ml，100ml，50ml）、容量瓶（1000ml，100ml，50ml，25ml）、试剂瓶（1000ml，100ml，50ml，25ml）、药勺、玻璃棒、电炉、高压灭菌锅等。

【药品试剂】

NH_4NO_3，KNO_3，$CaCl_2 \cdot 2H_2O$，$MgSO_4 \cdot 7H_2O$，KH_2PO_4，KI，H_3BO_3，$MnSO_4 \cdot 4H_2O$，$ZnSO_4 \cdot 7H_2O$，$Na_2MoO_4 \cdot 2H_2O$，$CuSO_4 \cdot 5H_2O$，$CoCl_2 \cdot 6H_2O$，$FeSO_4 \cdot 7H_2O$，$Na_2EDTA \cdot 2H_2O$，肌醇，烟酸，盐酸吡哆醇（维生素 B_6），盐酸硫胺素（维生素 B_1），蔗糖，甘氨酸，琼脂等。

【实验方法】

1. 培养基母液的制备

①大量元素母液：各成分按照表 4-1 培养基浓度含量扩大 10 倍，用天平称取后，用蒸馏水分别溶解，按顺序逐步混合。之后用蒸馏水定容到 1000ml，即为 10 倍的大量元素母液。贴好标签保存于 4℃ 冰箱中。每配 1L 培养基取此液 100ml。

表 4-1　　MS 培养基大量元素母液制备

序号	药品名称	培养基浓度（mg/L）	扩大 10 倍称量（mg）	
1	NH_4NO_3	1650	16500	定容至 1000ml
2	KNO_3	1900	19000	
3	$CaCl_2 \cdot 2H_2O$	440	4400	
4	$MgSO_4 \cdot 7H_2O$	370	3700	
5	KH_2PO_4	170	1700	

【注意事项】

配制大量元素母液时，某些无机成分如 Ca^{2+}、$SO_4{}^{2-}$、Mg^{2+} 和 H_2PO^{4-} 等在一起可能发生化学反应，产生沉淀物。为避免此现象发生，母液配制时要用双蒸水溶解，药品采用分析纯，各种化学药品必须分开配制，即先以少量双蒸水使其充分溶解后才能混合。混合时应注意先后顺序，特别应将 Ca^{2+}，$SO_4{}^{2-}$，Mg^{2+} 和 H_2PO^{4-} 等离子错开混合，速度宜慢，边搅拌边混合。$CaCl_2 \cdot 2H_2O$ 溶液在所有的试剂溶解后单独加入混合。

②微量元素母液：MS 培养基的微量元素由 7 种化合物（除 Fe 以外）组成，具体见表 4-2。用蒸馏水定容至 1000ml，即为 100 倍的微量元素母液。配 1L 培养基，取微量元素母液 10ml。称取药品时应使用精确度为 0.0001g 的分析天平，以确保培养基中微量元素的精确性。

表 4-2　**MS 培养基微量元素母液的配制**

序号	化合物名称	培养基浓度（mg/L）	扩大 100 倍称量（mg）
1	$MnSO_4 \cdot 4H_2O$	22.3	2230
2	$ZnSO_4 \cdot 7H_2O$	8.6	860
3	H_3BO_3	6.2	620
4	KI	0.83	83
5	$Na_2MoO_4 \cdot 2H_2O$	0.25	25
6	$CuSO_4 \cdot 5H_2O$	0.025	2.5
7	$CoCl_2 \cdot 6H_2O$	0.025	2.5

③铁盐母液：常用的铁盐是硫酸亚铁和乙二胺四乙酸二钠的螯合物，必须单独配成母液。这种螯合物使用起来方便，又比较稳定，不易发生沉淀。按照表 4-3 中的量称取硫酸亚铁和乙二胺四乙

酸二钠，用蒸馏水加热溶解。配制 1L 培养基时取此液 10ml。

表 4-3 **MS 铁盐母液的配制**

序号	化合物名称	培养基浓度（mg/L）	扩大 100 倍称量（mg）
1	Na_2-EDTA	37.3	3730
2	$FeSO_4 \cdot 7H_2O$	27.8	2780

【注意事项】

在配制铁盐时，如果加热搅拌时间过短，会造成 $FeSO_4$ 和 Na_2EDTA 螯合不彻底，此时若将其冷藏，$FeSO_4$ 会结晶析出。为避免此现象发生，配制铁盐母液时，$FeSO_4$ 和 Na_2EDTA 应分别加热溶解后混合，并置于加热搅拌器上不断搅拌至溶液呈金黄色（加热 20～30 分钟），调 pH 值至 5.5，室温放置冷却后 4℃ 冰箱中冷藏。

④有机成分母液：MS 培养基的有机成分有甘氨酸、肌醇、烟酸、盐酸硫胺素和盐酸吡哆素等（表 4-4）。有机化合物母液营养丰富，储藏时易染菌，因此，配制母液时用无菌重蒸水溶解，并储存在棕色无菌瓶中，或缩短储藏时间。有机成分一般也是过滤除菌保存。一般情况下，表 4-4 中 1～4 序号的 4 种有机化合物配制为同一母液，肌醇因用量大而单独配置。用蒸馏水定容至 1000ml，即为 100 倍母液。配 1L 培养基，取该母液 10ml。经过滤除菌后，于 4℃ 冰箱中保存。

表 4-4 **MS 培养基有机物质母液的制备**

序号	化合物名称	培养基浓度（mg/L）	扩大 100 倍称量（mg）
1	甘氨酸	2	200
2	盐酸硫胺素（V_{B1}）	0.4	40

续表

序号	化合物名称	培养基浓度（mg/L）	扩大100倍称量（mg）
3	盐酸吡哆素	0.5	50
4	烟酸	0.5	50
5	肌醇	100	10000

⑤激素母液：植物组织培养中使用的激素种类及含量需要根据不同的研究目的而定。一般配制激素母液的终浓度以0.5～1.0 mg/ml最为适宜，需要注意的是：配制生长素类激素，例如IAA，NAA，2.4-D和IBA，应先用少量95%乙醇或无水乙醇充分溶解，或者用1mol/L的NaOH溶解，然后用蒸馏水定容。细胞分裂素，例如KT、6-BA和ZT，应先用少量95%乙醇或无水乙醇加少许1mol/L盐酸溶解，再用蒸馏水定容。生物素先用稀氨水溶解，然后定容。所有的母液保存于4℃冰箱中，若母液出现沉淀或霉团则不能继续使用。

2. 培养基的配制

①计算：根据配制培养基的量和母液的浓度计算需要吸取母液的量（表4-5）。

表4-5　**按配方计算各种母液吸取量**

药品名称	母液浓度	100ml培养基的母液吸取量
大量元素	10倍	100ml
微量元素	100倍	10ml
铁盐	100倍	10ml
有机化合物（需要过滤除菌）	100倍	10ml
甘氨酸（需要过滤除菌）	100倍	10ml
蔗糖（30g/L）		3g
琼脂粉（0.8%）		0.8g
pH值		5.8

②移液和称取：按照计算量依次吸取各母液置于烧杯中；称取适量的蔗糖，置于烧杯中。

③融化：称取适量的琼脂粉（0.8%）置于另一烧杯中，加入适量的双蒸水，电炉上加热融化；

④混匀：将融化的琼脂与试剂和溶液混合，按量定容。

⑤调节 pH 值：用滴管吸取 1mol/L 的 NaOH 或 HCl 溶液，逐滴滴入融化的培养基中，边滴边搅拌，并随时用精密的 pH 试纸（5.4～7.0）或者 pH 计测量培养基的 pH 值，直到培养基达到 pH 5.8～6.0 为止。

⑥分装：烧杯中的培养基 100ml 倒入 500ml 锥形瓶中，即培养基的量约为锥形瓶容量的 1/5～1/4。如果是液体培养基则不需要加入琼脂粉即可。

⑦包扎：用透气膜封口，外边加一层牛皮纸，扎好绳子，用铅笔在纸上写上培养基名称和各组编号。

【注意事项】

培养基的部分成分在高温灭菌时易发生化学变化，致使培养基 pH 值降低，从而使琼脂凝固力下降，出现培养基灭菌前凝固，灭菌后不凝固现象。避免此现象发生的方法是：调整培养基的 pH 值，一般不低于 5.6，酸性较强的培养基可适当增加琼脂用量。

3. 培养基的灭菌

培养基中含有大量的有机物，含糖量较高，是各种微生物滋生、繁殖的良好场所。植物组织需要在无菌条件下培养很长时间，如果培养基被污染，则达不到培养的预期结果。因此，培养基的灭菌是植物组织培养中十分重要的环节。常用的灭菌方法是高压灭菌和过滤除菌。

①高压蒸汽灭菌法

把分装好的培养基、各种接种器具、蒸馏水等，放入高压蒸汽灭菌锅的消毒桶中，锅内外层加水，水位高度不超过支架高度，盖好锅盖。加热后，锅上压力表指针开始移动，当压力到达0.05Mpa（即指针移至0.5kg/cm^2，约7.25磅/平方英寸，此时温度约为110℃）时，扭开放气阀排除空气，使压力表指针回复零位。当压力到达0.108Mpa（即指针移至1.1kg/cm^2，约15磅/平方英寸时，此时温度约为121℃时）时，维持一定的时间。由于容器的体积不同，瓶壁的厚度不同，所以灭菌的时间也不同，具体可以参考表4-6。到达保压时间后，即可切断电源，如压力达到0.05MPa，可缓慢放出蒸汽，应注意不要使压力降低太快，以免引起激烈的减压沸腾，使容器中的液体溢出。当压力降到零后，才能开盖，取出培养基和实验工具，摆放于实验台上，冷凝备用。注意不可长久不放气，这会引起培养基成分变化。目前，多数实验室采用的是全自动高压蒸汽灭菌锅，灭菌前调整所需参数，灭菌开始后自动完成整个灭菌过程，十分方便。

表4-6　**培养基高压蒸汽灭菌所需最短时间**

容器的体积（ml）	在121℃下最短灭菌时间（分钟）
20~50	15
75~150	20
250~500	25
1000	30
1500	35
2000	40

【注意事项】

1. 通常饱和蒸汽压力与其对应的温度具有一定的关系。即0.05Mpa≈0.5kg/cm^2≈7.25磅/平方英寸，此时温度约为110℃；0.07Mpa≈0.7kg/cm^2≈10磅/平方英寸，此时温度约为115℃；

0.108Mpa≈1.1kg/cm^2≈15 磅/平方英寸，此时温度约为 121℃。

2. 三角瓶中的液体不超过总体积的 60%，否则当温度超过 100℃时，培养基会喷溢，造成培养瓶壁和封口膜的污染。

3. 高压灭菌通常会使培养基中的蔗糖水解为单糖，从而改变培养基的渗透压。在 8%～20%蔗糖范围内，高压灭菌后的培养基约升高 0.43 倍。培养基中的铁在高压灭菌时会催化蔗糖水解，可使 15%～25%的蔗糖水解为葡萄糖和果糖。培养基 pH 值小于 5.5，其水解量更多。一般在培养基中为蔗糖或者葡萄糖时，可适当将灭菌的温度和时间降低，防止蔗糖水解和葡萄糖遭受破坏。

②过滤除菌

培养基中有些成分是热不稳定性的物质，在高温湿热灭菌中可能会降解。因此，这类物质需要进行过滤灭菌。例如生长素 IBA、赤霉素、玉米素、脱落酸、尿素、某些维生素、酶液等是不耐热的，容易在高温下分解，因此不适宜高压灭菌处理，而通常采用过滤灭菌方法。除菌滤膜其孔径大小一般小于或等于 0.25μm。

过滤灭菌的原理是溶液通过滤膜时，细菌和孢子等由于细胞直径大于滤膜孔径而被阻隔。在需要过滤灭菌的液体量大时，可使用抽滤装置；液体量少时可用注射过滤器，它由注射器和过滤器（中间夹有微孔滤膜）组成。注射器不必先经高压灭菌，而过滤器和微孔滤膜要预先用铝箔或牛皮纸等包扎，经高压灭菌后方可使用。在使用前按无菌操作要求将吸有需过滤溶液的注射器和过滤器装配在一起，推压注射器活塞杆，将溶液压过滤膜，从针管前端滴出的溶液即为无菌溶液，无菌溶液可分装在已灭菌的离心管或玻璃瓶中备用。滤膜不能阻挡病毒粒子通过，在一般情况下，人工配制的溶液不会含有使植物致病的病毒。如需过滤灭菌的溶液带有沉淀物，那么在过滤灭菌之前可用滤纸先予以去除，这样可减少微孔滤膜被堵塞的情况。

4. 倒平板

将灭菌后的培养基置于超净工作台上，待冷却到 50℃左右时，倒入事先已灭好菌的平皿中。为了避免培养基在凝固过程中产生的蒸汽冷凝回流到培养基上，可以在超净工作台上将培养皿的盖子半打开、风干。待培养基冷却后，即可接种培养材料。如果不是立即使用，可以将装有培养基的培养皿用封口膜封好，于4℃冰箱中保存、备用。

【思考题】

1. 简述植物组织培养基中各组分的作用。
2. 配制植物组织培养基的注意事项有哪些？

实验三十四　烟草无菌苗的培养

【实验目的】

1. 掌握烟草种子消毒技术。
2. 掌握烟草种子无菌萌发和无菌苗培养的基本操作技术。

【实验原理】

1. 次氯酸钠消毒的原理

次氯酸钠溶液的商品名为“安替福明”，活性氯含量≥5.2%，使用时稀释2~5倍。次氯酸钠溶液浸泡植物外植体5~30分钟（视材料幼嫩程度调整浸泡时间），再用无菌水洗涤4~5次；它能分解出具有杀菌作用的氯气，灭菌后易于除去，不留残余，杀菌力强；它对植物材料无害，除菌效果好，是植物组织培养常使用的消毒剂之一。

2. 乙醇消毒的原理

乙醇具有较强的穿透力和杀菌力，乙醇使细菌蛋白质变性。使用浓度一般为75%；由于细胞容易收缩脱水，所以处理时间不宜太长，一般为30~60秒。它具有浸润和灭菌的双重作用，适用于表面消毒，但不能达到彻底的除菌，必须结合其他药剂配合使用。

为了提高乙醇的杀菌效果，可在乙醇溶液中加入0.1%的酸或碱，以改变细胞表面带电荷的性质而增加膜透性，提高乙醇的消毒效果。一般情况下，植物材料先用70%乙醇预处理，然后用次氯酸钠杀菌，可以获得较好的结果。

用于植物材料的消毒液有许多，最常用的试剂见表4-7。

表4-7　**常用消毒液使用浓度及效果**

灭菌剂名称	使用浓度%	消毒难易	灭菌时间	灭菌效果
乙醇	70～75	易	0.1～3	好
氯化汞	0.1～0.2	较难	2～10	最好
漂白粉	饱和溶液	易	5～30	很好
次氯酸钙	9～10	易	5～30	很好
次氯酸钠	2～10	易	5～30	很好
过氧化氢	10～12	最易	5～15	好
抗菌素	4～50mg/L	中	30～60	较好

烟草是重要的经济作物和工业原料，其体内所含的烟碱等生物碱是非常宝贵的医药及化工原料。烟草也是组织培养和转基因的模式植物。通过本实验建立的烟草无菌苗，可以为利用农杆菌的遗传转化来改良烟草品种和利用烟草细胞培养物进行烟碱等次生物质的生产奠定基础。

【实验内容】

1. 烟草种子萌发培养基的配制和灭菌。
2. 烟草种子的消毒。
3. 烟草无菌苗的培养。

【实验材料和器械】

烟草品种W38的种子、MS培养基母液、激素（2，4-D，KT，

6-BA，NAA，IAA)，蔗糖、琼脂、75%酒精、无菌水、50%安替福明水溶液（加入1/1000 TritonX-100)、培养皿、离心管、移液器、量筒、锥形瓶、高温高压灭菌锅、超净工作台、恒温培养箱、光照培养箱等。为了避免赘述，后续相同的设备非一一列出。

【实验步骤】

1. 将烟草种子置于75%乙醇中，30秒后用无菌水清洗2~3次；

2. 用50%安替福明溶液消毒10~20分钟，之后用无菌水清洗4~5次；

3. 将消毒的种子平铺于MS固体培养基上，培养基pH=5.8，琼脂浓度为0.8%；

4. 待长出幼苗后，将幼苗转移到培养盒中继续无菌培养，直到长出若干叶片后备用。

【思考题】

1. 无菌苗培养过程中的污染情况：观察接种后3~14天内种子萌发和污染情况，填入表4-8。

表4-8　　烟草种子萌发、幼苗形成和污染情况统计

观察时间	接种数	萌发数	萌发率（%）	幼苗形成数	幼苗形成频率（%）	污染数	污染率（%）
3天							
7天							
14天							

种子萌发率（%）=（萌发的种子数/培养的种子总数）×100%

污染率（%）=（污染的种子数/培养的种子总数）×100%

【注意事项】

如果培养材料大部分发生污染，说明消毒剂浸泡的时间过短；若接种材料虽然没有污染，但材料已发黄，组织变软，不能萌发，表明消毒时间过长，组织被破坏死亡；接种材料若没有出现污染，生长正常，即可以认为消毒时间适宜。

【思考题】

2. 种子用消毒剂（安替福明溶液）消毒后，为什么要用无菌水漂洗干净？

3. 在安替福民溶液中加入 1-2 滴的表面活性物质（如 TritonX-100）的作用是什么？

实验三十五　水稻种子愈伤组织的培养和幼苗的再生

愈伤组织的概念来源于一种自然现象。植物受到机械创伤后在伤口愈合处形成突起的“疤痕”。原因是由于伤口处积聚了大量的营养物质，其中包括促进细胞分裂的因子。同时，由于韧皮部的细胞特化程度不高，在遇到较高浓度的促进细胞分裂的激素和营养物质后，便摆脱约束而分裂。植物生物技术中的愈伤组织指的是在离体条件下，人为诱导的有分裂能力和分化潜力的不定形的细胞培养物。它主要由不断分裂的细胞组成，在体积小时被称为细胞团，体积大时则被称为愈伤组织。愈伤组织形成的条件是植物体中的组织和细胞脱离母体并获得使其分裂而形成愈伤组织。

愈伤组织的用途：①培养愈伤组织以便于大量扩增无性繁殖植株；②培养愈伤组织是保存种质资源的一种方式；③原生质体培养、细胞融合等的起始材料；④转基因操作的受体细胞；⑤悬浮培养、次生代谢物生产的起始材料；⑥离体研究植物组织与细胞的分裂分化、生理代谢及状态转变的最佳材料。

诱导愈伤组织的技术要点：①外植体的选择：选择富含分裂旺盛的细胞和组织作为外植体；②培养基的选择：根据培养材料和组织特点选择适合的、含有丰富营养物质的培养基；③激素的选择：附加生长素（2，4-D 等），以促进细胞脱分化、细胞分裂和细胞生长；附加细胞分裂素（KT 或/和 6-BA 等），以促使细胞和组织分化而形成不定芽；配合使用细胞分裂素和生长素（IAA 等），以促进不定根的产生。

【实验目的】

1. 掌握水稻种胚愈伤组织诱导的原理和方法。
2. 掌握水稻愈伤组织再生幼苗的原理和操作技术。

【实验原理】

水稻愈伤组织的培养是利用农杆菌介导的水稻转基因操作的基础。一般情况下，可以采用成熟种子进行诱导，也可以采用水稻幼嫩的胚胎诱导愈伤组织的形成。水稻幼嫩胚可以获得质量良好的愈伤组织，但是由于获取幼嫩胚的过程较之成熟种子要复杂而且费时，对于获得大批量的水稻愈伤组织不太实用；而且，经过研究人员的摸索，已经可以利用成熟的水稻种胚获得高质量的愈伤组织，因此，目前大多采用成熟种胚诱导产生愈伤组织的方法。

【实验材料】

水稻中花 11 种子。

【药品试剂】

1. 安替福民溶液；无菌水；N6 培养基母液；各种维生素和激素母液。
2. 诱导愈伤组织的培养基（N6）：大量元素、微量元素、维生素（灭菌后加入）、铁盐和肌醇等标准用量、500mg/L 水解酪蛋白、2.5mg/L 2，4-D、0.8% 琼脂粉和 3% 蔗糖，调节 pH 值至 5.8 ~6.0，定容至 1L，121℃高压灭菌 15 ~20 分钟。

3. 诱导幼苗分化的培养基（MS）：大量元素、微量元素、维生素（灭菌后加入）、铁盐和肌醇等标准用量、水解酪蛋白 0.6g/L，2 ~3mg/L BA，0.2mg/L NAA，0.8% 琼脂粉和 2% ~3% 蔗糖，调节 pH 值至 5.8 ~6.0，定容到 1L，121℃高压灭菌 15 ~20 分钟。

4. 生根培养基（MS）：大量元素、微量元素、维生素（灭菌后加入）、铁盐和肌醇等标准用量；0.6g/L 水解酪蛋白、0.8% 琼脂粉和 2% ~3% 蔗糖，调节 pH 值至 5.8 ~6.0，定容到 1L，121℃高压灭菌 15 ~20 分钟。

【实验方法】

1. 取材：选择成熟饱满的水稻种子，剥去种子的外颖和内颖，装入 10ml 的离心管中。

2. 消毒：加入约 3ml 无菌水清洗 3 次，75% 乙醇浸泡 3 ~5 分钟，无菌水清洗 3 次，再用 50% 次氯酸钠溶液浸泡 20 ~30 分钟，同时，可置于摇床上低速振荡（约 100r/min），以保证获得良好的消毒效果。

3. 清洗：在超净工作台上打开离心管，倒出次氯酸钠溶液，用无菌水清洗种子 4 ~5 次，将种子倒在灭菌后的滤纸上，超净台上吹干（约 30 ~60 分钟）。

4. 愈伤组织诱导：将种子转移至添加 2，4-D 的 N6 固体培养基上，将种子的胚胎处与培养基接触。10 ~ 15 粒/9cm 平皿，28℃，黑暗条件下培养 4 周左右。

5. 不定芽分化和生根培养：选取种胚处产生的淡黄色、致密的胚性愈伤组织，转入添加细胞分裂素的 MS 分化培养基中，28℃

下光照培养 15~20 天，可以看到有绿芽长出。当绿芽长到 2 厘米左右时，剥去周围愈伤组织，转移至 1/2MS 生根培养基中诱导不定根。图 4-1 显示的是水稻愈伤组织和再生幼苗。

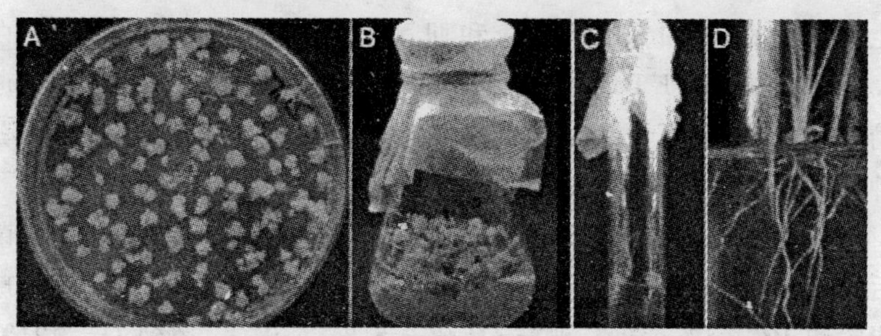

A. 显示水稻愈伤组织；B. 显示由愈伤组织诱导出的绿色不定芽；
C. 显示由幼芽诱导出的不定根；D. 不定根的放大图像。

图 4-1　水稻愈伤组织和再生幼苗

6. 移栽：将生长有不定根的再生植株转入培养钵中，于背阴处培养 4~5 天，即可转入大田中培育至成熟。

【思考题】

1. 简述植物愈伤组织的概念和用途。
2. 简述获得植物愈伤组织的技术要点。
3. 简述获得植物愈伤组织不定芽和不定根的技术要点。

附：无菌操作须知

1. 操作前的准备工作

接种室在接种前 4~5 天必须通风换气。在接种前一天对接种室进行全面消毒，一般用 40% 福尔马林进行全面喷雾，并密闭 24 小时，然后打开换气窗 10~15 分钟。

接种前打开超净工作台和侧面的紫外灯照射30分钟；杀菌结束后，先关掉超净工作台上的紫外灯，然后打开超净工作台上的照明灯，即可使用。

2. 准备进台

进入接种室前，应先将手表、手镯、戒指、耳环等放在室外，将手和手腕用肥皂洗净后才能进入接种室。

操作前用台内的酒精棉团擦拭手、手腕，再擦超净工作台台面。对于从外面拿进超净工作台的培养瓶等物品，一般需按如下顺序擦拭培养瓶：瓶塞、瓶身、瓶底，彻底擦拭后放于超净工作台台面上。

3. 接种操作

剪刀和镊子的消毒：剪刀和镊子用牛皮纸包好后在高压灭菌锅中灭菌。在超净工作台上使用过后将剪刀和镊子分别在酒精灯外焰彻底灼烧，烧时将剪口和镊口张开，烧至剪刀和镊子上部，火焰熄灭后，插回准备好的灭菌的磨口瓶或者架在刀架上放凉备用。切勿将灭过菌的剪刀和镊子在超净工作台上乱放。

用上述消毒过的器械，将切割好的外植体接种至培养基表面。

操作中必须遵守的事项：

(1) 棉塞不能乱放。手拿的部分限于棉塞膨大的上半部分，塞入瓶口的那一段始终悬空，并不要碰到其他任何物体；若是螺旋盖或薄膜，则应向下放置在灭过菌的台面上，放置处应随时用酒精棉团涂抹灭菌。

(2) 操作人员的头、胳膊等不得进入台内。切记手不要在敞开的瓶口或者是其他无菌的东西上经过，避免细菌、孢子等落入瓶内引起污染。

(3) 操作人员不得随意谈话、说笑，以免造成污染。

(4) 工作台外人员走动要轻、动作要小。

(5) 接种完毕后注意标明接种材料名称、接种日期等。

附表：常用的培养基配方（单位 mg/L）

1. MS 培养基

药品名称	浓度	药品名称	浓度	药品名称	浓度
NH_4NO_3	1650	$MnSO_4 \cdot 4H_2O$	22.3	甘氨酸	2
KNO_3	1900	$ZnSO_4 \cdot 7H_2O$	8.6	烟酸	0.5
KH_2PO_4	170	H_3BO_3	6.2	盐酸吡哆素	0.5
$MgSO_4 \cdot 7H_2O$	370	KI	0.83	盐酸硫胺素	0.4
$CaCl_2 \cdot 2H_2O$	440	$Na_2MoO_4 . 2H_2O$	0.25	肌醇	100
$FeSO_4 \cdot 7H_2O$	27.8	$CuSO_4 \cdot 5H_2O$	0.025	蔗糖	30000
Na_2EDTA	37.3	$CoCl_2 \cdot 6H_2O$	0.025	琼脂	8000

2. N_6培养基

药品名称	浓度	药品名称	浓度	药品名称	浓度
KNO_3	2830	$ZnSO_4 \cdot 7H_2O$	1.5	盐酸硫胺素	1.0
$(NH_4)_2SO_4$	460	H_3BO_3	1.6	盐酸吡哆醇	0.5
$MgSO_4 \cdot 7H_2O$	185	$Na_2 \cdot EDTA$	37.3	烟酸	0.5
KH_2PO_4	400	$FeSO_4 \cdot 7H_2O$	27.8	蔗糖	50000
$CaCl_2 \cdot 2H_2O$	166	KI	0.8	琼脂	8000
$MnSO_4 \cdot 4H_2O$	4.4	甘氨酸	2.0	pH 值	5.8

3. LB 培养基（g/L）：大肠杆菌和农杆菌 GV3101 的培养基

5g/L 酵母抽提物；10g/L 蛋白胨；10g/L NaCl；pH 7.2。

4. YM 培养基：农杆菌 LBA4404 的培养基

0.4g/L 酵母提取物；10g/L 甘露醇；0.1g/L NaCl；0.1g/L $MgSO_4$；0.5g/L K_2HPO_4；15g/L 琼脂粉，pH7.2～7.4。

第五部分　植物发育生物学研究中常用的细胞学方法

在植物生长发育过程中，其外部形态、细胞和组织结构、代谢水平等方面均产生一定的变化，基因表达和调控在其中发挥着重要的作用。植物发育生物学研究的目的是揭示植物生长和发育过程中基因及其表达产物是如何调控这些变化的。研究者通过转基因的方法获得基因表达量发生变化的植株，试图研究在基因表达发生变化时植株表型变化与基因之间的关系。在这一研究过程中，涉及转基因植株表型和细胞学的鉴定，因此在细胞和组织水平上对转基因植株进行深入的研究和分析是非常必要的。

实验三十六　植物组织石蜡切片技术

【实验目的】

1. 掌握石蜡切片技术的原理和方法。

2. 掌握永久制片的制作过程，为研究植物的内部结构奠定基础。

3. 学习植物内部结构的比较研究方法。

【实验原理】

石蜡切片技术是将植物材料经固定剂迅速固定，脱水剂脱去组织和细胞中的水分，再经细胞和组织透明、置换、石蜡包埋剂包埋，通过石蜡切片机切片后，可以进行形态结构的观察、特定物质的定位观察和原位杂交。石蜡切片技术可以保持细胞和组织中原有的形态结构特征，以及固定细胞内特定抗原决定簇，有利于研究和分析基因表达和蛋白质定位等问题。

【实验材料】

幼嫩植株，根据需要和季节选择植株各部分器官和组织。

【实验器材】

石蜡切片机，烘箱，显微镜，染色缸，小培养皿，镊子，毛笔，吸水纸，纱布，载玻片，盖玻片等。

【药品试剂】

10%番红水溶液，0.5%固绿（用95%的酒精配制），酒精（100%、95%、80%、70%和50%），二甲苯，蒸馏水，甘油，中性树胶等。

【实验方法】

石蜡切片法是显微技术上最重要、最常用的一种方法。它是把材料封埋在石蜡中，用石蜡切片机切出较薄的切片。对植物组织组织结构的观察研究，大多用石蜡切片。其过程如下：①固定；②洗涤；③脱水与硬化；④透明；⑤封埋；⑥切片；⑦粘片；⑧脱蜡；⑨染色；⑩脱水；⑪透明；⑫封片。

一、固定

1. 固定

固定是用固定剂杀死细胞，使细胞的原生质凝固，保持细胞原有的结构。

采用的固定剂应穿透力强，能使细胞立刻致死，原生质全部凝固，同时不发生任何变形，增强折光率，并且不妨碍染色和观察。

2. 种类

（1）简单固定液：

①酒精：即乙醇，常用纯酒精或95%酒精作固定液。酒精穿透力强，固定时间常在1小时以内；70%酒精可作保存液。

【注意事项】

配制低浓度酒精需用95%酒精，不必用纯酒精。酒精为还原剂，不能与铬酸、锇酸、重铬酸钾等氧化剂配合。酒精可使核酸、蛋白质及肝醣等发生沉淀。

②福尔马林：即甲醛，固定用的浓度为4%～10%。甲醛也是强还原剂。不能与铬酸、锇酸等氧化剂配合。

【注意事项】

经甲醛固定后，材料变硬，通常不引起皱缩，但随后经过其他试剂处理时，常出现皱缩。所以甲醛一般不单独作固定剂，而与其他液体混合使用。

③醋酸：又叫冰醋酸。醋酸与水和酒精配成各种比例的溶液，浓度为0.2%～5%，也常与其他固定剂配合使用。

【注意事项】

醋酸穿透性很强，单独使用，有使原生质膨胀的作用，故常与酒精、甲醛等合用，醋酸为固定染色体的优良固定液，因此，固定染色体的固定液中，几乎都含有醋酸。

（2）混合固定液：

①FAA固定液：植物组织最常用的固定液。固定时间不受限制，并且固定后材料可以正常染色。

配方：50%或70%酒精90ml（软材料用50%酒精，硬材料用70%酒精），冰醋酸5ml，福尔马林5ml。

②卡尔诺氏（Carnoy's）固定液：多用于组织和细胞的固定，渗透极快，一般情况下，固定根尖和花药只需40～60分钟。固定后用95%酒精冲洗，在组织不能立即处理时，需转入70%酒精中保存。

配方1：15ml乙醇和5ml冰醋酸混合；

配方2：30ml乙醇，5ml氯仿和1ml冰醋酸混合。

③纳瓦兴（Navaschjn's）固定液：植物制片技术中广泛应用。根据实验材料的种类，目前有很多的改良液，效果更好。

配方：75ml 1%铬酸，5ml冰醋酸和20ml福尔马林混合。

二、洗涤

材料固定后，必须用水或酒精洗去固定液，减少固定液对材料的损伤。一般情况下用水溶液配制的固定液，特别是含有铬酸、重铬酸钾的固定液，一律用水洗；用酒精配制的固定液，用同浓度的酒清洗；如固定液中含有苦味酸，需要在70%酒清中停留稍久时间除去黄色。如用升汞固定的材料，须加碘液除去汞的结晶。

三、脱水与硬化

材料洗涤后，如果材料含有水分，水与石蜡不能相溶，通常用酒精脱水。材料由水入酒精中，由低浓度酒精渐至高浓度酒精。通常由30%、50%、70%、80%到90%酒精，每次须经半小时左右，具体的时间由材料大小而定。

【注意事项】

材料可放在70%酒精中长时间保存，但在高浓度酒精中不能过久。因为酒精能使材料硬化，过久则材料由硬变脆，切片时易于粉碎。

四、透明

材料脱水后，仍需除去酒精，脱酒精通常用二甲苯。材料由酒精入二甲苯，也需要渐次进行，先经酒精和二甲苯的混合液，再入纯二甲苯中，纯二甲苯须换一、二次才行。时间每次约半小时。二甲苯不仅可脱去酒精，并且具透明作用，所以又叫透明剂。

五、埋蜡

埋蜡是把材料包埋在石蜡里面，便于切片。石蜡必须纯净，熔点通常在 48～56℃ 范围内，以熔点为 52℃ 的石蜡使用更为方便。将石蜡置陶瓷钵中加热熔化；在进行封埋的全过程中，石蜡的温度以高于熔点 2℃ 为宜，温度过低则石蜡凝固，温度过高则伤害实验材料。在包埋之前需要对实验材料进行浸蜡。浸蜡需要渐次进行。一般先用石蜡和二甲苯的混合液浸蜡，再用纯石蜡换 1～2 次，每次时间视材料大小而定，通常每次半小时。

六、切片

1. 先将蜡块切成小块，粘固在小木头桩上。
2. 安装切片刀，调好角度和切口部位。
3. 根据需要调整切片厚度，进行切片。

七、粘片

通过加热使切好的蜡带平展在载玻片上，这一步骤叫粘片。目前，多数采用多聚赖氨酸作为粘贴剂，多聚赖氨酸常用 PBS 配制。目前市售的多聚赖氨酸多是已经溶解的 10 倍的母液，用无菌 ddH_2O 1∶10 稀释多聚赖氨酸母液。用之前将稀释的多聚赖氨酸溶液放在室内，使其温度回升至室温（一般为 18～26℃）。将玻片浸在稀释的多聚赖氨酸溶液中 5 分钟（注意：增加浸泡时间不会提高包被效果）。然后在 60℃ 烘箱干燥 1 小时，或室温 18～26℃ 过夜干燥，待用。

用滤纸吸去载玻片上多余水分，同时以记号笔在玻片上编号以确定材料方位，放入 42℃ 温箱中烘干，约 12 小时。

八、脱蜡

玻片烘干后，需要脱去石蜡才能染色。脱蜡一般常用二甲苯，再经酒精入水，然后染色。其顺序如下：二甲苯→等体积二甲苯和酒精混合液→100%酒精→95%酒精→85%酒精→70%酒精→50%酒精→30%酒精→水→染色。以上各步约需5~15分钟。

九、染色、脱水、透明和封片

1. 番红和固绿双染法：用1%番红水溶液、0.5%固绿酒精（95%酒精）液双染。其步骤如下：切片脱蜡后逐步下降至水→1%番红水溶液1~12小时→35%酒精5分钟→50%酒精5分钟→70%酒精5分钟→80%酒精5分钟→0.5%固绿30秒钟→100%酒精30秒钟→100%酒精5分钟→等体积100%酒精和二甲苯混合液5分钟→二甲苯5分钟→封片。

【注意事项】

1. 用番红和固绿组合染成的切片，其中木质化、栓化和角质化的细胞壁，被番红染成鲜红色，纤维素的细胞壁被固绿成绿色。维管束中木质部为红色，而韧皮部为绿色。

2. 染色和脱色时间均不是绝对的，需要根据实验材料、切片厚度而异。

2. 海氏铁矾-苏木精染色法：该种染色方法是在苏木精染色前，用铁明矾做媒染剂，在染苏木精后，用铁明矾液鉴定。其染色步骤：切片脱蜡后下降至水→铁明矾溶液30分钟~2小时→水5分钟→0.5%苏木精染色1~24小时→水5分钟→2%铁明矾溶液分色→流水10~30分钟→35%酒精5分钟→50%酒精5分钟→70%酒精5分钟→80%酒精5分钟→95%酒精5分钟→100%酒精5分钟→100%酒精5分钟→等体积100%酒精和二甲苯混合液5分钟→二甲苯5分钟→封片。

【注意事项】

1. 铁明矾液为2%～4%的水溶液，此液需在用前数日临时配制。配制后不能见光，需放置于暗处，或用有色玻瓶盛装；也不能保存太久，大约2个月内有效。

2. 苏木精液为0.5%的水溶液。此液配成后，需经1～2月，待它氧化成熟后方能使用，故必须先配制。苏木精在水中溶解很慢，约需10日才能完全溶解。若需用不急，可直接用蒸馏水配制；若想加速溶解，可先用酒精溶解，再加入蒸馏水定容。其配方：0.5g苏木精；10ml酒精；90ml蒸馏水。

3. 此染色法在细胞学及胚胎学制片上应用广泛，是显示细胞一般结构及细胞分裂的优良染色液，染色后可使染色体呈蓝黑-紫色，细胞质染成浅蓝色或浅灰色。在染色过程中所需注意的是，分色后用水洗净铁矾液，最好用流水，如无流水，需更多换水；若冲洗不净，将来会继续褪色。在铁矾液中分色，需时常取出切片在显微镜下检查，至细胞质染色很淡即止。

【思考题】

1. 简述石蜡切片的一般步骤。
2. 简述各种染色方法的优缺点。

实验三十七　植物组织冰冻切片技术

【实验目的】

1. 学习冰冻切片机的操作技术。
2. 掌握冰冻切片的快速包埋法。
3. 掌握冰冻切片的基本流程并能独立进行切片观察。

【实验原理】

冰冻切片是利用低温使组织迅速冻结达到一定的硬度进行切片的一种方法。与常规的石蜡切片相比，冰冻切片因其不经过脱水和透明等步骤，可以缩短常规石蜡切片缓慢而复杂的处理过程，减少对样品组织结构的损伤，更好地保存生物分子的活性。同时，它具有快速、简便、易操作等特点，有利于进行细胞生物学（如免疫定位）和分子生物学（如原位杂交）的研究。

【实验材料】

雌蕊、雄蕊，叶芽等植物材料。

【实验器材】

冰冻切片机、包埋盒、镊子、载玻片等。

【药品试剂】

4%多聚甲醛、1%戊二醛、PBS缓冲液、蔗糖、液氮、包埋剂等。

【实验内容与步骤】

1. 准备工作

固定液：4%多聚甲醛、1%戊二醛和4%蔗糖（蔗糖浓度应根据材料含水程度而定）。

其他：冰（全程冰浴）、1.5ml离心管或玻璃小瓶（装有固定液，用于取材）。

2. 取材和固定

在温室下取新鲜材料，切成合适大小和形状，立即投入冰浴的固定液中。

3. 洗涤

用含有相同浓度蔗糖的PBS缓冲液清洗，每次15分钟，重复清洗4次。

4. 包埋

包埋盒中先滴加适量包埋液，再将固定好的样品轻轻移至包埋盒中，根据需要摆好位置。最后用镊子固定包埋盒，并缓缓浸入液氮，使包埋块快速冰冻。冰冻好的包埋块可以直接进行冰冻切片或在-80℃保存。

5. 切片

①开启冰冻切片机，检查各项工作指标是否正常。

②根据需要调整腔体温度和样品头温度；对于植物材料切片而言，常用的腔体温度为-18℃；常用的样品头温度为-20℃。

③待温度达到所需值，打开腔体照明灯，安放刀片。

④在样品托上固定包埋块，用单面刀片修整包埋块。

⑤适当调整刀架的切片角度，根据标本调整刀架或刀片的位置。

⑥移开刀刃护罩，松开手轮固定插销。

⑦按粗动键使标本移向刀片，转动手轮进行修片，直到切片符合要求。

⑧合上防卷玻璃板，并使其与刀刃对齐。

⑨确定切片厚度。

⑩旋转手轮并开始切片。

6. 粘片

准备好涂有多聚赖氨酸的载玻片，待切出一条合适长度的带后，看准位置迅速将载玻片与切片平行靠近，使切片以一定的速度贴向载玻片且展开于玻片上；室温使切片自然干燥并粘在载玻片上，即可直接观察或染色观察。若需进行免疫反应，可在37℃烘干过夜；若需要长期保存，可置于-80℃中备用。

附：冰冻切片机的日常维护

1. 实行专人管理和保养机器。每天不同的人使用时，要严格按照操作规程使用，每天工作结束后都要立即清扫箱内碎屑，这样不仅是为了干净美观，而且也是因为如果碎屑过多或落在温度传感器上，将会使切片机的显示温度与实际温度相差较大，严重时会使切片机的机械部分产生故障，影响机器的正常使用。

2. 一般情况下，冰冻切片机昼夜 24 小时开机，温度设置在 -20℃，尽量不要每天设置不同的温度，因为频繁的开启会影响压缩机的性能。冰冻切片机冷冻头的温度开启为随用随开，不用的时候及时关闭，这样会提高其使用寿命。

3. 暂时不使用冰冻切片机时，要关好箱盖，锁住手轮，以防无关人员不小心碰撞造成不必要的损坏；而且也是为了防止误操作导致面板参数的改变，切片完成后应及时利用控制面板上的“键盘锁按钮”将键盘锁定。

4. 每次冰冻切片机除霜前，一定要将排水管接上水盆，尽量将水排尽，然后把箱体用干纱布擦拭干净，不要留有水渍，最后敞开箱盖，待机器完全干燥后再开机。

5. 夏天气温比较高时，要注意清扫机器后面散热器上的灰尘，因为灰尘会影响散热器的散热功能；机器要保持与墙壁一定的距离，以利对流散热，否则可能达不到机器设定的温度值；冰冻切片机所在房间必须安装空调保持恒温；要定期给冰冻切片机内的活动件润滑，保持活动灵活。

【思考题】

1. 简述冰冻切片的一般操作步骤。
2. 简述冰冻切片的快速包埋方法。

实验三十八　烟草小孢子发育过程的观察

被子植物的个体发育包括营养器官（根、茎、叶）和生殖器官（花器官）的发育两个阶段。花器官形成、授粉、受精及胚胎发育是被子植物个体发育中极其重要的事件，它使植物个体得以遗传和延续。在这一有性生殖过程中，发生着一系列的生理代谢、基因调控等多个层次、不同水平的时空变化，最终体现出生殖器官的形态结构、发育进程的差异。因此，学习和掌握被子植物花器官的发生及形态、大小孢子及雌雄配子体的发生与发育过程、精卵细胞的形成及特点、授粉、受精及胚胎发育等生殖发育中的基础理论知识和实际应用，无疑是研究和探讨有性生殖过程中关键事件及分子机理的重要前提和基础。

【实验目的】

利用直接压片法学习和观察烟草小孢子发育的过程。

【实验原理】

花药内花粉母细胞（小孢子母细胞）经减数分裂由一个细胞形成4个细胞（四分体）。每个细胞就是一个单倍的小孢子（单核花粉），它的进一步发育是进行二次有丝分裂，形成1个大细胞中包含3个核的雄配子体。首先是单核小孢子的核由于细胞质液泡化，被大液泡挤压到萌发孔相对的一边，这就是所谓的单核靠边期，紧接着进行第一次有丝分裂，成为二核花粉，其中稍大的一个为营养核，较小的一个为生殖核；第二次有丝分裂是生殖核分裂，形成2个精细胞。这样就形成有三个核的花粉（雄配子体）。植物的种类不同，第二次有丝分裂的时间是不同的，一些植物在开花、授粉之前只进行一次有丝分裂，仅发育到二核花粉时期，生殖核的分裂是授粉之后花粉管萌发、生殖核进入花粉管后才进行的。在较多情况下小孢子沿配子体途径从单核小孢子发育成三核的雄配子体。

【实验材料】

不同时期的烟草花药。

【实验器材】

普通光学显微镜，镊子，载玻片和盖玻片等。

【药品试剂】

15%蔗糖水溶液。

【实验方法】

一、切片观察

该种方法可以观察到不同时期花药发育的形态和细胞特征。

1. 取不同发育时期的花药进行固定、脱水、石蜡包埋、切片。

2. 切片观察。

二、压片观察

该方法一般用于快速观察小孢子母细胞、四分体时期、单核小孢子、二核花粉、成熟花粉等发育过程。

1. 取不同发育时期的花药，置于载玻片上。

2. 滴加15%蔗糖溶液（保证合适的渗透压）在载玻片上，用小镊子将花药捣碎。

3. 小心取出组织碎片，加上盖玻片后在普通光学显微镜下观察。

【图解】

1. 花药的发育

花药是雄蕊产生花粉的结构，由花粉囊（pollensac）和药隔（connective）组成。多数植物的花药有4个花粉囊，少数种类如锦葵科植物的花药只有2个花粉囊。花粉囊是产生花粉（pollen grain）的囊状结构，药隔是花药中部连接花粉囊的部分。药隔由通入花丝的维管束和周围的薄壁细胞组成。

雄蕊原基经顶端生长和边缘生长基本完成幼嫩花药的发育。幼嫩花药最初为一团分生组织，外面为一层原表皮，垂周分裂将来形成花药的表皮（见图5-1中的L1）；中间是基本分生组织，参与药隔和花粉囊的发育（见图5-1中的L2）；原基的近中央部分为原形成层（见图5-1中的L3），将来形成药隔和维管束，与花丝维管束相连。

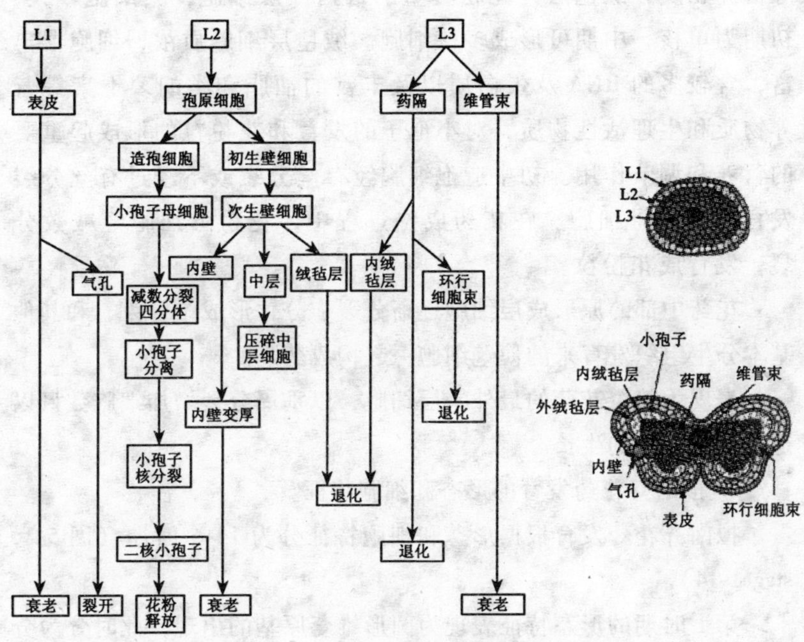

图5-1　花药的发育（网络资源）

幼嫩花药经细胞分裂而逐渐长大，由于4个角落处的细胞分裂较快，横切面上由近圆形变成四棱形。以后在四棱处原表皮层下面的第一层基本分生组织细胞分化成为多列的孢原细胞（archesporial cell），其细胞较大，核大、质浓，分裂能力较强。孢原细胞进行平周分裂，形成内外两层，外层为初生壁细胞，内层为造孢细胞（primary sporogenous cell）。初生壁细胞继续进行平周分裂和垂周分裂，自外向内逐渐形成药室内壁（endothecium）、中层（middle layer）和绒毡层（tapetum），与表皮（epidermis）一起构成花粉囊壁。药室内壁常为一层细胞，初期常储藏大量的淀粉和其他营养物质；中层由一至数层较小而扁平的细胞组成，并有大量的淀粉等营养物质；绒毡层是花粉囊壁的最内一层细胞，其细胞较大，初期为单核，中期可形成多核细胞。绒毡层细胞质浓，细胞器丰富，含较多的RNA及蛋白质以及丰富的油脂和类胡萝卜素等营养物质和生理活性物质，对小孢子的发育和花粉粒的形成起重要的营养和调节作用。初生造孢细胞经有丝分裂或不经过有丝分裂发育成花粉母细胞。在花药成熟过程中，花粉母细胞经减数分裂，发育成花粉粒。

花药中部的原形成层细胞逐渐分裂、分化形成维管束，和其他基本分生组织发育来的薄壁细胞一起构成药隔。

表皮为整个花药的最外一层细胞，以垂周分裂增加细胞数目以适应内部组织的生长。

2. 拟南芥花药发育的形态和细胞特征

拟南芥花药发育根据形态和细胞特征分为14个时期（图5-2，stage1-14）。

第1时期的形态特征表现为圆形雄蕊原基的出现，此时分为分生组织L1、L2和L3三层细胞。

第2时期的形态特征表现为在L2层的4个角出现孢原细胞，

孢原细胞较大、细胞核大、细胞质浓厚；雄性原基的形状变为椭圆形；此时花药中包括表皮和孢原细胞等。

第3时期开始出现4个有丝分裂活跃的区域，从孢原细胞产生一个壁细胞层和一个造孢细胞层，每一层进一步的分裂各自产生两层壁细胞和两层造孢细胞。此时的花药存在的组织包括表皮、壁细胞和造孢细胞。

在第4时期时，出现了4个浅裂的花药并产生两个发育的气孔区，维管束区开始发育。存在的组织包括表皮、内皮、中层、绒毡层、造孢细胞、药隔、维管束等。

第5时期已经有4个清晰的花药腔室形成，存在所有花药细胞类型，花药的模式已经限定，小孢子母细胞开始出现。存在的组织包括表皮、内壁、中层、绒毡层、小孢子母细胞、药隔、维管束等。

第6时期时，小孢子母细胞进入减数分裂，中层被压碎并退化，绒毡层开始液泡化，花药全面扩大。存在的组织包括表皮、皮层、中层、绒毡层、小孢子母细胞、药隔、维管束等。

第7时期的形态特征表现为减数分裂完成，小孢子四分体自由地存在于花粉囊中，存在残余的中层。存在的组织包括表皮、皮层、中层、绒毡层、四分体、药隔、维管束等。

在第8时期时，包围四分体的胼胝质壁退化，从四分体释放单个小孢子。存在的组织包括表皮、皮层、绒毡层、小孢子、药隔、维管束等。

第9时期的主要特征是花药继续生长和膨大，小孢子产生花粉粒外壁并液泡化，在电镜下可看到隔膜。存在的组织包括表皮、皮层、绒毡层、小孢子、药隔、维管束、隔膜等。

第10时期时，绒毡层开始退化。存在的组织包括表皮、皮层、绒毡层、小孢子、药隔、维管束、隔膜等。

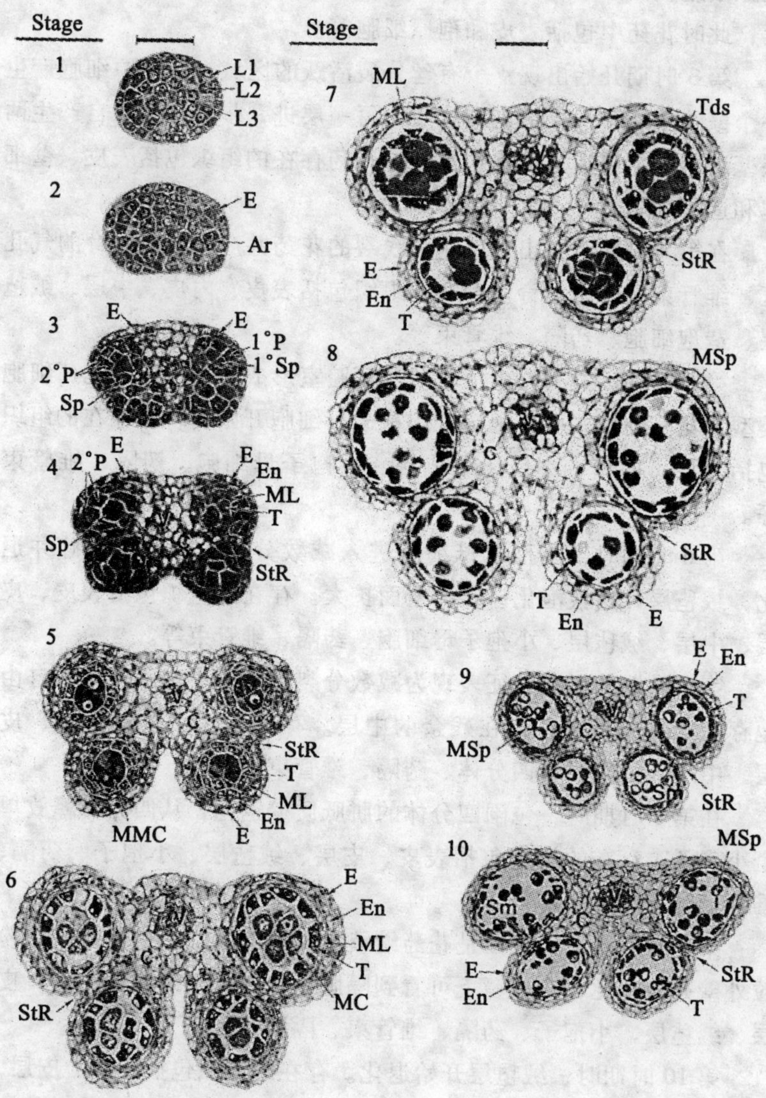
Stage
1
L1
L2
L3
2
E
Ar
3
E
E
1°P
1°Sp
2°P
Sp
4
2°P
E
E
En
ML
T
Sp
StR
5
StR
T
ML
En
E
MMC
6
E
En
ML
T
MC
StR
Stage
7
ML
Tds
StR
E
En
T
8
MSp
StR
T
En
E
9
E
En
T
MSp
StR
10
MSp
Sm
StR
E
En
T

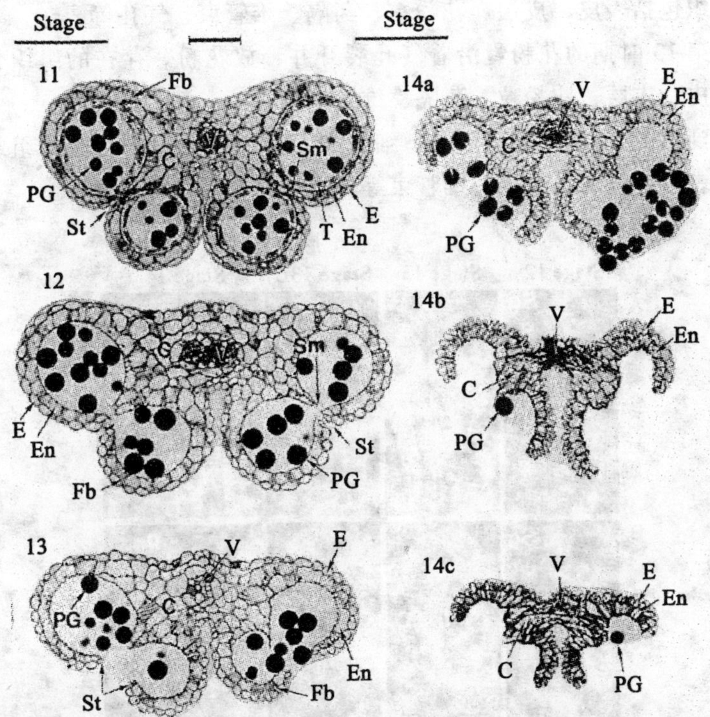

C：connective，药隔；E：表皮；En：皮层；ML：中层；MSp，microspore，小孢子；PG：pollen grain，花粉粒；St，stomium，气孔；T：绒粘层；Tds：tetrads，四分体；V：vascular，维管束。

图 5-2　拟南芥花药发育形态和细胞特征（网络资源）

第 11 时期的特征是花粉发生有丝分裂，绒毡层退化，内层膨胀，在内层和药隔出现次级纤维加厚，隔膜细胞开始退化，气孔开始分化。存在的组织包括表皮、皮层、绒毡层、花粉粒、药隔、维管束、隔膜、气孔等。

第 12 时期的代表性特征是含有 3 细胞花粉粒的花药，气孔下面隔膜退化和损坏后花药变为两个腔室，电镜下可看到气孔。存在的组织包括表皮、皮层、花粉粒、药隔、维管束、气孔等。

第 13 时期的花粉囊沿着气孔裂开并释放花粉。存在的组织包括表皮、皮层、花粉粒、药隔、维管束等。

到第 14 时期，雄蕊衰老，细胞和花药结构收缩。存在的组织包括表皮、皮层、药隔、维管束等。

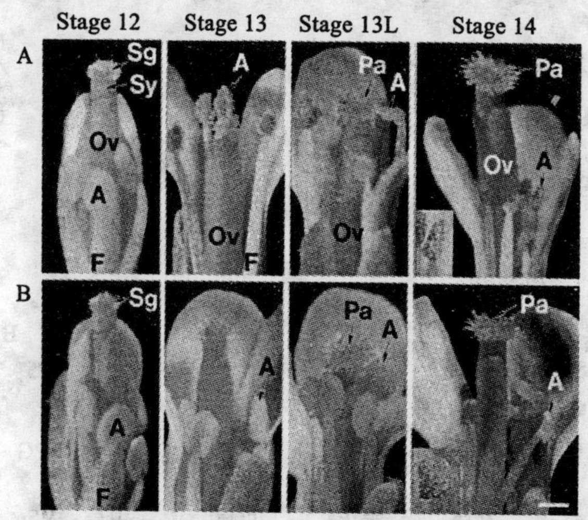

Stage12：代表花药发育的第 12 个时期（见图 5-2 中的描述）；Stage13：代表花药第 13 个时期；Stage13L：代表花药发育的第 13 个时期的晚期；Stage14：代表花药发育的第 14 个时期。A：花药；F：花丝；Ov：子房；Pa：柱头突起；Sg：柱头；Sy：花柱。

图 5-3 *DELAYED-DEHISCENCE* 突变体的表现型（Sanders et al.，2000）

3. 花粉发育过程中重要调控基因的突变体表型

（1）*DELAYED-DEHISCENCE*：控制花药裂开和花粉释放，基

因突变后表现为花药裂开和花粉释放延迟，妨碍了成功授粉。图5-3A 为野生型拟南芥，图 5-3 B 为突变体。

（2）*SPL8*：该基因突变后的突变体降低了拟南芥的可育性。突变体小孢子囊（msp）发育不正常，并影响花丝的伸长。图 5-4 A为突变体，图 5-4 B 为野生型拟南芥。

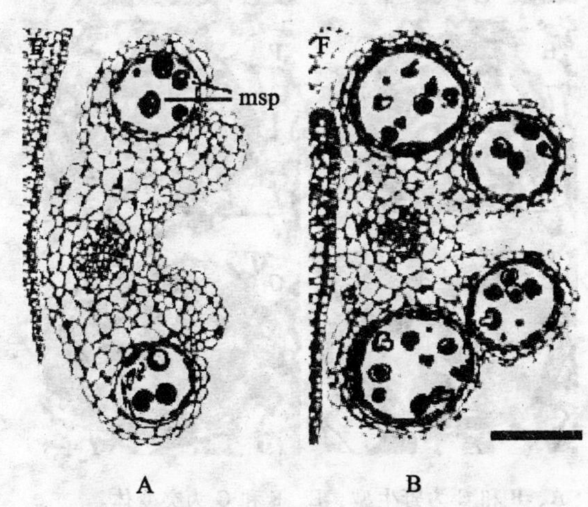

图 5-4 *spl8* 突变体的表现型（Unte et al.，2003）

（3）*GAPT*1：*GAPT*1 对于绒粘层分化是必需的。野生型中绒毡层收缩，为小孢子发育提供了空间；突变体中绒毡层细胞继续膨大，细胞进入到小孢子之间的空间，挤压发育的小孢子，导致小孢子收缩。

【思考题】

简述花药发育的形态和细胞特征。

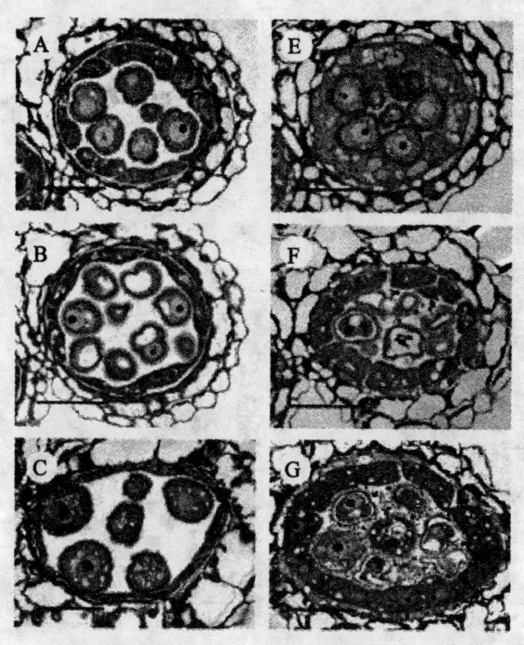

A、B 和 C 为野生型，E、F 和 G 为突变体。

图 5-5　*GAPT*1 突变体的表现型（Zheng et al. , 2003）

实验三十九　拟南芥花粉表型的分析

【实验目的】

1. 掌握花粉显微观察的一般方法。
2. 掌握花粉细胞核 DAPI 染色的原理和方法。
3. 掌握花粉活力的染色检测方法。
4. 掌握体内和体外观察花粉管萌发的方法。

【实验原理】

花粉表型特征是花粉发育是否完善、活力是否正常的重要指标。表型异常的花粉，往往活力也会降低。如果突变体的花粉不能正常萌发，或者萌发率与野生型相比差异显著，可以初步推测突变基因可能影响了花粉发育的某个环节。

花粉萌发：花粉落到柱头上，萌发长出花粉管，花粉管伸长将两个精细胞运至胚珠和胚囊中，两个精细胞分别与卵细胞和中央细胞结合，从而完成双受精作用。成熟花粉在适当的体外培养条件下，也可以萌发生长。花粉的萌发力是检测花粉生活力的重要指标之一，通常以花粉萌发率来显示。拟南芥正常发育的花粉离体后在适宜条件下萌发率可达70%～100%。此外，花粉管的长度和形态也在一定程度上反映了花粉生活力的状况。

花粉离体萌发实验在研究中有多种用途。根据花粉萌发率、花粉管生长速率和表型分析不仅可以判断候选基因是否参与了花粉萌发的生理过程，也为研究目标基因参与调节花粉萌发和伸长过程的作用机制提供了依据。

DAPI 染色：DAPI（4，6-二氨基-2-苯基吲哚）可以特异地与核酸结合，在紫外光下发出蓝色荧光，因此可用于研究花粉细胞核发育是否正常。野生型成熟花粉中有 1 个营养细胞和 2 个精细胞，其中营养核因处于转录活性状态而染色弥散，生殖核因处于不转录或转录活性很低的异染色质状态而染色致密明亮。DAPI 染色法操作简便，可显示发育过程中花粉细胞核的状态。

Alexander 染色法：该方法也是判断花粉活力的一种简便方法。由纤维素构成的细胞壁可以被染色液中的孔雀石绿着色，而花粉原生质可以被染色液中的酸性品红着色。可育的、有活性的花粉被染成紫红色；不育或死的花粉由于原生质特性发生了变化，染色时呈现苍白或青蓝色。

TTC染色法：TTC染色法的原理是具有活力的花粉呼吸作用较强，其产生的NADH和NADPH可以将无色的TTC还原成红色的TTF；无活力的花粉呼吸作用较弱，则TTC颜色变化不明显。

脱色苯胺蓝染色法：该法可用于鉴定体内花粉萌发的状态。具有花粉管的花粉粒能被锚定在柱头上，不会被漂洗掉，可通过漂洗柱头并比较漂洗前后柱头上的花粉粒数目来推测其萌发率。花粉及花粉管壁的胼胝质与脱色苯胺蓝结合并被诱导产生荧光，在荧光显微镜下可观察到花粉粒在柱头上的萌发及花粉管伸长生长的情况。

【实验材料】

花期拟南芥植株。

【药品试剂】

1. 脱色苯胺蓝：0.1%苯胺蓝粉末溶于0.06mol/L磷酸缓冲液（用磷酸氢二钾和磷酸三钾配制，pH11）中，在搅拌器上搅拌至溶液蓝色褪去，溶液室温下避光保存。

2. 花粉萌发液BK培养基：5mmol/L 硼酸，8mmol/L $MgSO_4 \cdot 7H_2O$，1mmol/L KCl，5mmol/L$CaCl_2$，10mmol/L 肌醇，5mmol/L MES。蔗糖浓度为20%，用10mmol/L KOH调pH值至7.0。

3. FAA固定液：95%乙醇：冰醋酸：福尔马林：蒸馏水＝10：1：3：7。

4. 0.5% Safranin T（番红花红T）水溶液。

5. DAPI染色液：0.1mol/L sodium phosphate，pH 7，1mmol/L EDTA，0.4mg/ml DAPI（4’-6二氨基-2-苯基吲哚）。4℃下可保存数周。

6. Alexander染色液：先配制50倍的染色液母液，组成为：

10ml 95% 乙醇，5ml 1% 孔雀石绿，5g 苯酚，5ml 1% 的酸性品红，0.5ml 1% 的橘红 G，2ml 冰醋酸，25ml 丙三醇，蒸馏水 50ml。母液在棕色试剂瓶中避光保存。用前稀释，工作液为母液：蒸馏水 = 3：47（V：V）时效果最佳。

7. 0.5% TTC 溶液：称取 TTC 后加入少许 95% 乙醇使其溶解，然后用蒸馏水稀释至需要的浓度。溶液应避光保存，且一旦变红则不能使用。

【实验方法】

一、花粉的收集

1. 将处于开花第 13 时期的花置于 1.5ml 离心管中。

2. 加入花粉萌发液 BK 培养基 200μl，并在振荡器上振荡 5 分钟。

3. 10000r/min 条件下离心 5 分钟。

4. 除去上清液后重复步骤 2 和步骤 3 过程 3 次。

5. 除上清液后加入 100μl 花粉萌发液 BK 培养基并混合均匀，用于花粉悬滴培养。

二、花粉离体培养

成熟花粉在适当的体外条件下可以正常萌发和生长，一定浓度范围内钙和硼离子在促进其萌发和生长过程中起着十分重要的作用。花粉在离体培养条件下亦可进行孢子体途径发育，形成单倍体植株。采用液体培养基的悬滴培养方法如下：

1. 将混合均匀的花粉粒悬液约 30μl 滴到载玻片的中央，然后迅速翻转玻片，平放到 3cm 小培养皿上。注意在此之前将小培养皿放到一个较大的培养皿中并加入少量的水形成一个湿润的环境。

2. 于 23℃ 光照培养箱中培养后，可在倒置显微镜下观察其生长过程。

【注意事项】

将上述收集好的花粉用 BK 液悬浮，也可以平铺到萌发培养基上（含 0.5% 琼脂糖的 BK 萌发液），将培养皿封口以保持湿度，放置于 23℃光照恒温箱中培养，每隔 4 小时进行观察。8 小时后，野生型拟南芥花粉萌发率即可达到 50% ~ 70%。

将花采摘后，干燥 2 小时，直接将花粉敲打在 0.5% 的琼脂培养基上，也可获得较高的萌发率。

三、花粉外形的观察

用 BK 萌发液收集成熟的拟南芥花粉，正常花粉水合后在光学显微镜下观察呈椭圆形，但一些基因的突变体可能会产生形态变异花粉，如干瘪状态花粉。取不同发育阶段的花序制作连续切片，可显示花粉发育在时间和空间上的进程，从而检测花粉异常表型出现的时期和可能的原因。

1. 将拟南芥植株的花序在 FAA 固定液（95% 乙醇：冰醋酸：福尔马林：蒸馏水 = 10：1：3：7）中固定 12 ~ 24 小时。

2. 用 50% 乙醇漂洗 3 次。

3. 用正丁醇脱水、透腊、包埋和切片。常规石蜡切片厚度为 7 ~ 10μm，脱色后用 0.5% Safranin T 染色，常规脱水、透明，封片后在显微镜下观察并拍照。

【注意事项】

用扫描和透射电镜技术可对花粉表型及细胞学特征进行精细的观察。花粉样品的制备与一般的电镜实验过程相同，花序材料经戊二醛前固定、pipes 缓冲液冲洗、1% 锇酸固定、树脂包埋、超薄切片及铜网捞取等步骤即可用透射电镜观察花粉细胞的发育情况；而扫描电镜可以用来观察花粉的表面结构以及花粉管在花柱通道中的生长情况。

四、花粉细胞核的观察

1. 乙醇：乙酸=3：1的溶液中固定花蕾24小时。

2. 将固定的花蕾保存于4℃，75%的乙醇中。

3. 解剖花药将花粉释放到DAPI染液中，黑暗中染色30分钟。

4. 在荧光显微镜下观察，细胞核呈现出蓝色荧光。

五、花粉生活力的鉴定

1. Alexander染色方法

(1) 收集花粉，取少许花粉置于离心管中。

(2) 向管内加入40ml Alexander工作液悬浮花粉，用避光纸(锡箔纸)包好，避光染色10～20分钟，涂于载玻片上，光镜下观察；通过统计染色率来判断花粉的活力。

2. TTC染色方法

(1) 取少许花粉放在干净的载玻片上；

(2) 加1～2滴TTC染色液，搅匀后置于35℃恒温箱中10～15分钟。

(3) 盖上盖玻片镜检观察；通过统计染色率来判断花粉的活力。

六、花粉离体萌发及鉴定——脱色苯胺蓝染色法

1. 取授粉后的雌蕊，在固定液(10%乙酸，30%氯仿，60%乙醇)中固定。

2. 再浸泡于4mol/L NaOH溶液中，进行40分钟的透明软化处理。

3. 用50mmol/L KPO_4 (pH7.5)缓冲液冲洗3次。

4. 用0.01%脱色苯胺蓝染色10～15分钟。将染色后的材料转移到载玻片上，盖上盖玻片后在荧光显微镜下观察。

【注意事项】

取不同时期的雌蕊，于75%乙醇中固定24小时，用双蒸水清洗3次，然后于4mol NaOH中透明1～2天，待雌蕊全部透明后放置脱色苯胺蓝溶液中染色，紫外激发并观察。染色时间根据雌蕊的大小决定，可在紫外光下观察，如果发现染色时间不够，再进一步的加长时间进行染色。之后，在显微镜下观察并照相。

附：拟南芥开花时期及标志性事件

阶段	标志性事件
1	出现花原基隆起
2	花原基形成
3	花萼原基出现
4	花萼覆盖在花分生组织上方
5	花瓣和雄蕊原基出现
6	花萼包住花芽
7	长雄蕊原基基部长出柄
8	长雄蕊出现房室
9	花瓣原基基部长出柄
10	花瓣与短雄蕊齐平
11	柱头乳突出现
12	花瓣与长雄蕊齐平
13	花朵开放花瓣可见花药发生
14	长花药超过柱头
15	柱头超过长花药
16	花瓣花萼凋谢
17	所有器官从绿荚果上凋谢
18	荚果变黄
19	瓣膜与干荚果分离
20	种子脱落

【注意事项】

1. 在花粉采集时，选取处于开花第 13 时期的花，注意与处于第 14 时期的花区分开。

2. 用苯胺蓝染色法鉴定花粉活体萌发情况时，苯胺蓝的染色时间由雌蕊组织的大小决定，可适当延长染色的时间。

3. TTC 染色法还可以用于鉴定种子的活力。

【思考题】

检测花粉活力的方法有哪些？各有什么优缺点？

实验四十 烟草大孢子发育过程的观察

【实验目的】

要求学生掌握烟草大孢子发育过程中的一般形态。

【实验原理】

大孢子发生（以单胞蓼型胚囊为例）：大孢子产生于成熟植株的雌蕊中。一个大孢子母细胞（megaspore mother cell，MMC）经过减数分裂产生 4 个大孢子（megaspores），其中 3 个大孢子退化，1 个大孢子（功能大孢子）经过 3 次有丝分裂形成胚囊（embryo sac）。经典的蓼型胚囊（embryo sac）为七胞八核结构。成熟的胚囊包括 1 个卵细胞、2 个助细胞，1 个中央细胞（含 2 个极核）、3 个反足细胞。卵细胞和中央细胞分别与两个精细胞受精，即双受精作用。在细胞分化过程中，各细胞体积都有一定程度的增加并形成独特的形态和结构。

【实验材料】

烟草不同发育时期的子房和胚珠组织切片。

【实验器材】

普通光学显微镜；镊子；载玻片和盖玻片等。

【药品试剂】

4%多聚甲醛，石蜡等。

【实验步骤】

1. 取烟草不同发育时期的子房，用4%多聚甲醛固定后进行系列脱水，然后用石蜡包埋。

2. 制备烟草不同发育时期的子房和胚珠组织切片，并进行显微观察。

【图例说明】

1. 胚囊发育的阶段（图5-6和图5-7）

大孢子母细胞经过三次有丝分裂形成具有8核的单细胞：每4个核一组，移向两级；两端各有一个核移向中间；距离珠孔端最远的三个细胞形成细胞壁，为3个反足细胞。同时，珠孔端的3个细胞核也产生细胞壁，形成1个卵细胞和2个助细胞。

2. 影响大孢子发生的基因突变体

SPL（*SPOROCYTELESS*）：从拟南芥中分离获得的*SPL*基因被证明是一个与MADS BOX基因相关的细胞核定位基因，是目前为止第一个被分离到的与大小孢子形成有关的基因。表型为花药与胚珠中都没有孢子母细胞的形成（图5-8）。图5-8A为基因突变后的

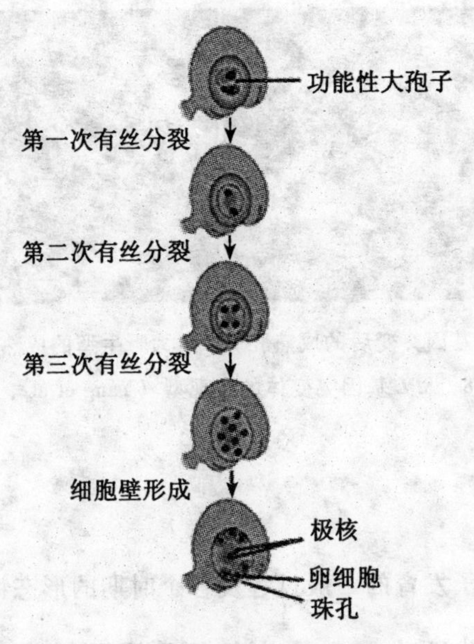

图 5-6　胚囊的发育（网络资源）

胚囊母细胞 2n	减数分裂 →	四分体 4×n	近珠孔3个退化 合点端1个发育 →	大孢子 (单核胚囊) n

有丝分裂 → 二核胚囊 (2×n) 有丝分裂 → 四核胚囊 (4×n) 有丝分裂 → 八核胚囊 (8×n)

→ 成熟胚囊(具7胞8核结构的雌配子体)

图 5-7　胚囊发育的不同阶段

成熟胚珠；图 5-8B 为野生型的成熟胚珠。

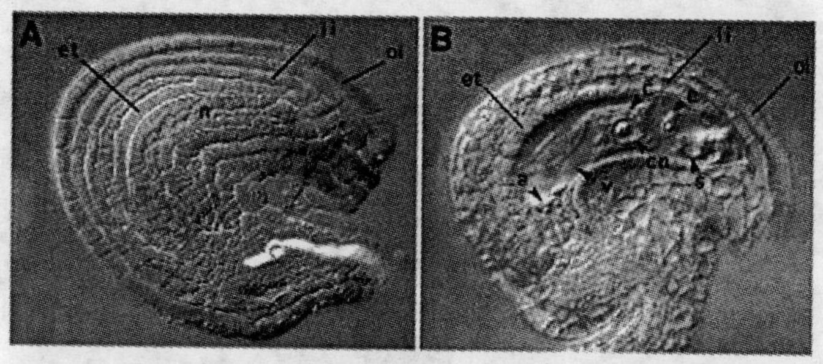

A为基因突变后的成熟胚珠；B为野生型的成熟胚珠。

图5-8　*SPL*基因突变体的表现型（Yang et al.，1999）

【思考题】

简述大孢子发育的一般过程及各个时期的形态特征。

实验四十一　拟南芥胚珠透明技术
——胚胎发育过程的观察

【实验目的】

1. 学习拟南芥胚胎发育的一般过程。
2. 掌握拟南芥胚珠透明技术的原理和操作方法。

【实验原理】

在植物胚胎发育过程中其形态经历一系列有规律的变化。早期，胚胎细胞分裂形成的一团细胞称为球形胚（globular embryo）。在这个时期，最外层的细胞形成一层表皮（epidermis），表皮细胞通常比其下组织的细胞小。在球形胚的更深处，富含液泡的、相对较大的细胞与一簇较小的含很少液泡的细胞之间出现了分化。这些含液泡少的细胞最终将发育成维管组织（vascular tissue），而此时这些处于未成熟状态的细胞称为原形成层（procambium）。大的细胞将发育成胚的基本组织（ground tissue），其未分化时称为基本分生组织（ground meristem）。同时在这一阶段或更晚些时候，在原形成层束的两端出现一些具有稠密细胞质的细胞群，这些就是根和茎的顶端分生组织（apical meristem）的前体。根顶端分生组织在最靠近胚柄的原形成层束的末端形成，而且常常与最靠近胚体的胚柄细胞合并。茎分生组织是在原形成层中远离胚柄的另一末端形成的。

茎顶端分生组织位点附近开始形成一两片子叶（cotyledons）时，球形胚开始进入了子叶分化期。在双子叶植物中，两片子叶原基产生的同时，胚从球形变成心形，而心形胚（heart-shaped embryo）顶部的两个突起就是子叶原基。心形胚发育成为鱼雷期胚（torpedo-stage embryo），同时保持了相同的组织器官模式。单子叶植物则不需经过心形胚时期，因为它们仅形成一片子叶。

大多数被子植物的生长在胚胎发生结束至种子萌发之前是停滞的，但是在生长停滞之前，胚胎发育的程度因物种不同而异。在发育最有限的胚胎中，茎和根的顶端分生组织形成后很快进入休眠状态。在其他物种中，这两种分生组织在休眠之前会有所生长；茎顶端分生组织长出胚芽（plumule），而根顶端分生组织长出一段很短的根称为胚根（radicle）。在禾本科植物中，胚芽和胚根分别由保护性的胚芽鞘（coleoptile）和胚根鞘（coleorhiza）所围绕。

以双子叶植物拟南芥为例，胚胎的发育过程包括原胚期、球形胚期、心形胚期、鱼雷形胚期、成熟胚期。

原胚期：开花后约 10 小时，合子（受精卵）开始第一次横向不对称分裂，形成大小不等的两个极性细胞，靠近珠孔端的为基细胞，体积较大，具大液泡，胞质稀少；靠近合点端的为顶细胞，体积小，胞质浓厚。顶细胞发育为胚体，基细胞发育为胚柄，从而建立起纵轴极性。18～24 小时后，顶细胞进行两次纵向分裂，产生 4 细胞原胚，然后横向分裂，产生两列细胞，成为 8 细胞原胚。

球形胚-心形胚过渡期：8 细胞原胚再进行平周分裂，形成了原表皮层，原表皮层垂周分裂，内部先纵向，再横向，使胚胎数目与体积不断增大。同时，基细胞连续进行横向分裂，形成胚根原和胚柄。一般认为胚柄的作用是将胚推入到营养丰富的胚乳组织中，或者作为母体组织运输营养成分和生长因子到胚胎中的通道，胚柄从鱼雷胚期开始逐渐退化。

心形胚期：胚胎形态从球形胚到心形胚过渡发生巨大变化，子叶从顶端的两侧区域特化产生，细胞平周分裂，分裂频率增加，形成子叶的两个突起——子叶原基，此时胚胎由辐射对称过渡到两侧对称。

鱼雷形胚：随着子叶的发育，胚体的下部分区域开始伸长，成为鱼雷形胚。

成熟期：胚胎发育从器官模式建成转变为储存物质的积累，子叶储存物质急剧增长，此时胚的生长却不显著。

当胚胎体积增大到最大值时，便趋于成熟。细胞开始脱水，代谢活动停止，进入休眠期。胚胎在完成基本发育之后，逐渐进入休眠期的过程称为胚后发育阶段。这个过程中主要发生的事件包括：合成大量的储藏物质、诱导水分的丧失、获得干燥耐受性、防止胚胎提早萌发、启动胚胎休眠等。

【实验材料】

拟南芥不同发育时期的角果。

【药品试剂】

水合氯醛；甘油；乙醇等。

透明液配方：200g 水合氯醛；20g 甘油；50ml 蒸馏水。

【实验方法】

1. 将荚果或胚珠依次放入15%、30%、50%、70%和95%乙醇中，各15分钟。

2. 转入100%乙醇中约3小时，为了去除色素，通常在100%乙醇中保持过夜。

3. 将荚果或胚珠依次转入95%、70%、50%、30%和15%乙醇中，各15分钟；之后，将其转入水中，15分钟。

4. 将胚珠放入透明液中2～3小时，透明时间由材料的大小而定。如果是荚果，需要用解剖刀将荚果沿边缘剖开，然后再将之放在透明液中。否则透明液很难透过外皮进入荚果中。

5. 如果材料需要长期保存，用树脂封片。

6. 透明后的材料在普通光学显微镜或干涉差显微镜下观察和拍照。

【图例说明】

rsh 是胚胎发生突变体。图5-9显示的是该突变体的表现型。上面两排图片是组织切片；下面两排图片是利用透明法在相差显微镜下观察的图像。

【思考题】

1. 简述拟南芥胚胎发育的一般过程及形态特征。

2. 简述拟南芥胚珠透明技术的原理和操作步骤。

实验四十二　烟草胚胎分离技术及胚胎发育过程的观察

【实验目的】

1. 掌握烟草胚胎发育的一般过程。

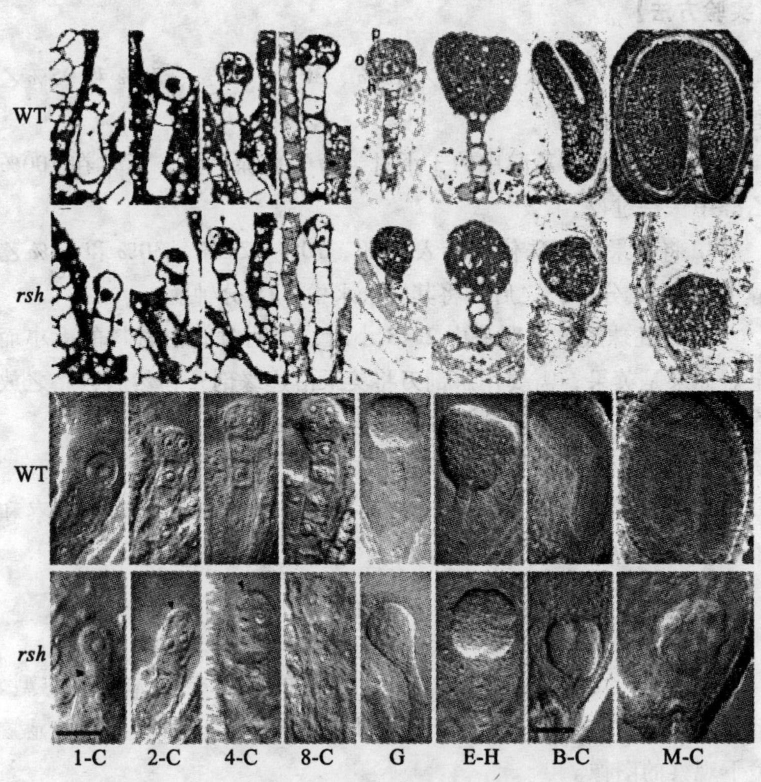

1-C：1 细胞期；2-C：2 细胞期；4-C：4 细胞期；
8-C：8 细胞期；G：球形胚时期；E-H：心形胚早期；B-C：子叶期早期；
M-C：成熟子叶期；WT：野生型

图 5-9 *rsh* 突变体的表现型分析（Hall et al.，2002）

2. 熟练掌握烟草胚胎的分离技术。

【实验原理】

烟草的胚胎发育过程与拟南芥相似，均经历了受精形成合子、原胚、球形胚、心形胚、鱼雷胚和子叶期。合子形成后，一般会经过一段时间的休眠期。在休眠期间，合子发生一系列变化。比如定向生长、细胞核位移和细胞器重新分布等。烟草的合子休眠期较长，约为 3 天。在休眠期极性建成后，合子进入一次不等分裂，分裂面垂直于顶-基轴向，形成一个较小的顶细胞和一个较大的基细胞（2 细胞期）。原胚发育指从二细胞原胚开始直至分化以前的一个较长阶段。基细胞多次横向分裂形成一列细胞即胚柄，顶细胞分裂形成胚体。从时间上看，基细胞的分裂一般在顶细胞之前，随后顶细胞不断分裂形成四分体、八分体。16 胞原胚形成后，原表皮的细胞进行垂周分裂，而内部的 8 个细胞进行纵向分裂直至形成球形胚。此时由于内部细胞的继续分裂，球形胚体积不断增大，原表皮细胞进行垂周分裂以保持与内部逐渐扩大的协调，随后在即将形成子叶的位置上细胞分裂频率增加，开始出现子叶原基，随后胚变成了心形胚。随后子叶和下胚轴的细胞继续分裂使得器官生长，下胚轴在生长过程中相对垂直，但是子叶部分的细胞由于不同程度的扩展而变为弯曲的，逐渐形成成熟胚。

胚胎培养是植物细胞工程的主要手段，也是研究植物胚胎发育的重要方法之一。胚胎培养的研究已经有近一个世纪的历史。随着培养技术的不断优化，胚胎培养技术已经经历了由成熟胚培养—幼胚培养—合子培养这样一个渐进的过程。将胚胎从胚珠中分离出来，在体外进行培养，这一技术使得研究胚胎发生以及通过改变环境条件、营养和激素等来研究胚胎的发育成为可能。

烟草胚珠较小且珠心组织较厚，单纯的机械解剖方法很难分离出胚胎。研究者通过比较酶解震荡法、酶解解剖法和酶解-研磨法在分离烟草合子方面的优劣，提出酶解-研磨法所需时间短、分离效率高，并且该种方法可操作性和可重复性均较好，是一种实用的方法（何玉池，2004）。

【实验材料】

烟草（*Nicotiana tabacum* L.）品种 SR-1。材料种植于温室，在 25℃，16 小时光照条件下以常规方法种植与管理。

【药品试剂】

甘露醇，纤维素酶，离析酶，无水乙醇。

【实验方法】

一、合子和 2-细胞原胚的分离技术——酶解法-研磨法

1. 取授粉后约 96 小时的子房（分离合子）和授粉后约 108 小时的子房（分离 2-细胞原胚）。

2. 采用酶解-研磨法分离受精后生活胚囊。酶液配方为：13% 甘露醇，1% 纤维素酶，0. 8% 离析酶。

3. 收集分离的胚囊并将其继续短时间酶解，酶处理时间为 10 分钟，酶液为：13% 甘露醇（pH5. 6），0. 25% 纤维素酶和 0. 2% 离析酶。

4. 用自制的解剖针小心分离出合子和 2-细胞原胚。

二、刚受精胚囊的分离技术——酶解法

1. 取刚受精的胚珠固定，用卡诺固定液（无水乙醇：冰醋酸：3：1）固定 1 ~2 小时，用 75% 乙醇，50% 乙醇，25% 乙醇和水进行复水，每级 20 分钟，以保持胚囊原有形状。

2. 将胚珠放入酶液中（1% 纤维素酶和 0. 8% 离析酶溶于 13% 甘露醇，pH5. 8），25℃酶解 3 小时。

3. 洗去酶液，用微量移液器吹吸胚珠，使胚囊释放出来，用微吸管吸取胚囊用于观察和进一步实验。

【思考题】

1. 简述酶解-研磨法分离烟草合子的原理。
2. 利用酶解-研磨法分离烟草合子的注意事项有哪些？

缩写词（按照首字母顺序排列）

2，4-D，2，4-Dichlorophenoxyacetie acid，2，4-二氯苯氧乙酸

AD，Transcription- activating domain，DNA 转录激活结构域

AEC，3-amino-9-ethylcarbozole，3-氨基-9-乙基卡唑

AFLP，Amplified fragment length polymorphism，扩增片段长度多态性

ATP，Arabidopsis TILLING Project，拟南芥 TILLING 项目

AP，Alkaline phosphatase，碱性磷酸酶

AS，Acetosyringone，乙酰丁香酮

BCIP，5-Bromo-4-chloro-3-indolyl phosphate disodium salt，5-溴-4-氯-3-吲哚-磷酸二钠盐

BD，DNA binding domain，DNA 结合结构域

BR，Brassinosteroids，油菜素甾醇，BL 是 BR 的活跃形式

BSA，Bovine serum albumin faction V，小牛血清白蛋白

CaMV，Cauliflower mosaic virus，花椰菜花叶病毒

Cef，Cephalosporins，头孢霉素

CH，Casein acid Hydrolysate，水解酪蛋白

ChIP，Chromatin immunoprecipitation，染色质免疫沉淀技术

CISH，Chromosome in situ hybridization，染色体原位杂交

Col，Columbia，拟南芥生态型

CTAB，Cetyltrimethyl ammonium bromide，十六烷基三甲基溴化铵

DAB，Diaminobenzidine，二氨基联苯胺

DEPC，Diethypyrocarbonate，焦碳酸二乙酯

DIG，Digoxigenin，地高辛

DTT，Dithiothreitol，二硫苏糖醇

dsRNA，Double-stranded RNA，双链 RNA

EB，Ethidium bromide，溴化乙锭

EDTA，Tetrasodium salt dihydrate，乙二胺四乙酸四钠盐

EMS，Ethyl methane sulfonate，甲基磺酸乙酯

FISH，Fluorescence in situ hybridization，荧光原位杂交

FRET，Fluorescent response energy transfer，荧光共振能量转移

GFP，Green Fluorescent Protein，绿色荧光蛋白

GUS，β-glucuronidase，β-葡糖醛酸酶

HEPES，4-(2-hydroxyethyl) -1-piperazineethanesulfonic acid，4-羟乙基哌嗪乙磺酸

Hn，Hygromycin，潮霉素

IAA，Indo-3-acetic acid，吲哚乙酸

Ler，Landsberg erecta，拟南芥生态型

MES，2-(N-Morpholino) ethanesulfonic acid hydrate，2-(N-吗啉代)乙磺酸

MMC，Megaspore mother cell，大孢子母细胞

MOPS，3-(N-Morpholine) propane Sulphonic Acid，Sodium，3-(N-玛琳代) 丙磺酸

4-MU，4-methylumbelliferone，4-甲基伞形酮

4-MUG，4-methyklumbelliferone-D-glucuronide，4-甲基伞形酮-D-葡萄糖醛酸苷

MS，Murashige and Skoog，MS 培养基

NAA，1-naphthalene acetic acid，萘乙酸

NBT，Nitroblue tetrazolium，氮蓝四唑

ORF，Open reading frame，开放阅读框

PBS，Phosphate buffer solution，磷酸缓冲液

PCR，Polymerase chain reaction，聚合酶链式反应

PAGE，Poly acrylamide gel electrophoresis，聚丙烯酰胺凝胶电泳

PEG，Polyethylene glycol，聚乙二醇

PIPES，Piperazine-N，N′-bis（2-ethanesulfonic acid），哌嗪-N，N-双（2-乙磺酸）

PMSF，Phenylmethanesulfonyl fluoride，苯甲基磺酰氟

Pro，Proline，脯氨酸

PTGS，Posttranional gene silencing，转录后基因沉默

PVA，Polyvinyl alcohol，聚乙烯醇

PVDF，Polyvinylidene fluoridev，聚偏氟乙烯

PVP，Polyvinyl pyrrolidone，聚乙烯吡咯烷酮

RFLP，Restriction fragment length polymorphism，限制性片段长度多态性

RAPD，Random amplified polymorphism DNA，随机扩增多态性 DNA

RNAi，RNA interference，RNA 干扰

RT-PCR，Reverse transcriptase PCR，反转录 PCR

SDS，Sodium lauryl sulfate，十二烷基磺酸钠

SON-PCR，Single oligonucleotide nested PCR，单侧寡聚核苷酸嵌套 PCR

SSLPs，Simple sequence length polymorphisms，简单序列长度多态性

SNP，Single nucleotide polymorphism，核苷酸多态性

SPR，Surface plasmon resonance，表面等离子体共振

TILLING，Targeting Induced Local Lesions IN Genomes，定向诱导基因组局部突变技术

TE，Tris-EDTA buffer，tris-EDTA 缓冲液

X-gluc，5-bromo-4-chloro-3-indolyl-beta-D-glucuronic acid，5-溴-4-氯-3-吲哚-β-葡萄糖苷酸酯

参考文献

[1] 曹仪植 主编.《拟南芥》. 北京：高等教育出版社，2004 年第一版

[2] 何玉池，孙蒙祥，杨弘远. 烟草合子离体培养再生可育植株. 科学通报，2004，49：457-461

[3] 孙洁，崔海瑞. TILLING 技术及其应用. 细胞生物学杂志，2007，29：41-46

[4] 孙敬三，朱至清主编.《植物细胞工程实验技术》. 北京：化学工业出版社，2006 年第一版

[5] 王关林、方宏筠主编，《植物基因工程》，北京：科学出版社，2002 年第一版

[6] Fashena S J, Serebriiskii I, Golemis E A. The continued evolution of two-hybrid screening approaches in yeast：how to outwit different preys with different baits. Gene, 2000, 250：1-14

[7] Fisher C L and Pei G K. Modification of a PCR-based site-directed mutagenesis method. Biotechniques, 1997, 23：570-574.

[8] Hall Q and Cannon M C. The Cell Wall Hydroxyproline-Rich Glycoprotein RSH Is Essential for Normal Embryo Development in Arabidopsis. Plant Cell, 2002, 14：1161-1172

[9] Henikoff S and Comai L. Single-nucleotide mutations for plant functional genomics. Annual Reviews of Plant Biology, 2003, 54：375-435

[10] Hua W, Zhang L, Liang S, Jones R L, Lu Y-T. A tobacco calcium/calmodulin-binding protein kinase functions as a negative regulator of flowering. Journal of Biological Chemistry, 2004, 279: 31483-31494

[11] Leyser O and Day S 主编，瞿礼嘉，邓兴旺译.《植物发育的机制》. 北京：高等教育出版社，2006 年

[12] Liu Y G and Whittier R F. Thermal asymmetric interlaced PCR: Automatable amplification and sequencing of insert and fragments from P1 anf YAC clones for chromosome walking. Genomics, 1995, 25: 674-681

[13] Liu Y C, Mitsukawa N, Oosumi T, Whittier R F. Efficient isolation and mapping of Arabidopsis thaliana T-DNA insert junctions by thermal asymmetric interlaced PCR. Plant Jounal, 1995, 8: 457-463

[14] Maliga P, Klessig D F, Cashmore A R, Gruissem W, Varner J E, 刘进元，吴庆余等译.《植物分子生物学实验指南》. 北京：科学出版社，2000 年第一版

[15] Melody S. Clark 主编，顾红雅、瞿礼嘉译.《植物分子生物学—实验手册》. 北京：高等教育出版社、施普林格出版社，1998 年第一版

[16] Nakamura A, Kanako Higuchi H G, Fujiwara M T, Sawa S, Koshiba T, Shimada Y, Yoshida S. Brassinolide Induces IAA5, IAA19, and DR5, a Synthetic Auxin Response Element in Arabidopsis, Implying a Cross Talk Point of Brassinosteroid and Auxin Signaling. Plant Physiology, 2003, 133: 1843-1853

[17] Saleh A, Alvarez-Venegas R, Avramova Z An efficient chromatin immunoprecipitation (ChIP) protocol for studying histone modifications in Arabidopsis plants. Nature Protocols, 2008, 3

(6): 1018-1025

[18] Sanders P M, Lee P Y, Biesgen C, Boone J D, Beals T P, Weiler E W, Goldberg R B. The Arabidopsis DELAYED DEHISCENCE1 Gene Encodes an Enzyme in the Jasmonic Acid Synthesis Pathway. Plant Cell, 2000, 12: 1041-1062

[19] Sheen J. 2001. Signal transduction in maize and Arabidopsis mesophyll protoplasts. Plant Physiol. 127: 1466-1475.

[20] Sĭlme R S and Cağirgan M İ. TILLING (Targetting Induced Local Lesion In Genomes) technology for plant functional genomics. Journal of Applied Biological Sciences, 2007, 1: 77-80.

[21] Taiz L and Zeiger E《Plant Physiology》(Fourth Edition) 宋纯鹏、王学路等译．北京：科学出版社 2009 年第一版

[22] Tsugeki R, Kochieva E Z, Fedoroff N V. A transposon insertion in the Arabidopsis SSR16 gene causes an embryo-defective lethal mutation. Plant Jounal, 1996, 10: 479-489

[23] Unte U S, Sorensen A-M, Pesaresi P, Gandikota M, Leister D, Saedler H, Huijser P. *SPL8*, an SBP-Box Gene That Affects Pollen Sac Development in Arabidopsis. Plant Cell 2003, 15: 1009-1019

[24] Weigel D and Glazebrook J《Arabidopsis: A Laboratory Manual》影印本．北京：化学工业出版社，2004 年第一版

[25] Yang W-C, Ye D, Xu J, Sundaresan V. The SPOROCYTELESSgene of Arabidopsis is required for initiation of sporogenesis and encodes a novel nuclear protein. Genes & Development, 1999, 13: 2108-2117

[26] Zheng Z, Xia Q, Dauk M, Shen W, Selvaraj G, Zou J. Arabidopsis AtGPAT1, a Member of the Membrane-Bound Glycerol-3-Phosphate Acyltransferase Gene Family, Is Essential

for Tapetum Differentiation and Male Fertility. Plant Cell, 2003, 15: 1872-1887